세상 간단한 원볼 샐러드

One Bowl Salad

쉽게, 맛있게, 건강하게

세상 간단한 원볼 샐러드

믹싱 볼 하나로 다양한 샐러드를!

반찬으로 곁들일 수 있는 샐러드를
믹싱 볼 하나로 만드는 것이
이렇게 간단할 거라고는 생각하지 못했습니다.

일반적인 샐러드를 만들 때 믹싱 볼을 사용하는 것은 당연한 이야기지만,
반찬으로 곁들일 수 있는 샐러드를 만들 때는 이야기가 달라집니다.
샐러드 재료로 사용할 고기나 생선을 굽고 삶는 것이 의외로 손이 많이 가고 다양한 도구가 필요하기 때문이죠.
하지만 볼 하나만 잘 활용한다면, 생각한 것보다 훨씬 간단하게 샐러드를 만들 수 있습니다.
전자레인지를 사용하면 프라이팬이나 냄비를 씻지 않아도 되고, 조리 시간도 10분 정도밖에 걸리지 않아요.
채소나 과일을 볼에 한가득 담고, 여기에 고기나 생선 같은 단백질을 더하면
맛과 식감을 강조한 샐러드를 완성할 수 있습니다.
나머지는 취향에 따라 빵이나 밥을 곁들인다면 훌륭한 식사가 될 수 있습니다.

고기와 생선은
전자레인지나 끓는 물로 쪄서 간단하게!

고기나 생선을 샐러드에 넣을 때는
내열성 믹싱 볼을 사용해 전자레인지로 쪄주세요.
특히, 닭고기나 흰살생선은 전자레인지를 사용해
조리하기에 알맞은 식재료랍니다.
찐 다음에 잘게 찢어 채소와 함께 버무리기만 하면 끝!
모든 조리가 볼 하나로 뚝딱 완성돼요.
전자레인지 외에 끓는 물을 사용하는 방법도 있습니다.
얇게 썬 소고기의 경우 끓는 물만으로도 충분히 익힐 수 있어요.
또 끓는 물을 사용하면 채소의 숨이 살짝 죽으면서 맛이 잘 들고,
부피를 줄일 수 있답니다. 이런 노하우들을 사용한다면
최소한의 도구로 다양한 샐러드를 만들 수 있어요.

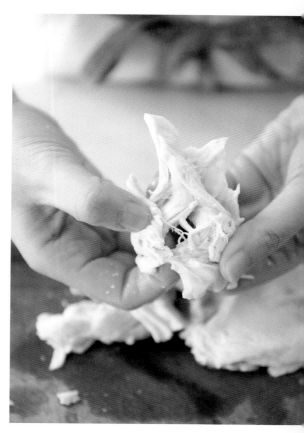

제철 채소나 과일을
사용하는 것만으로 달라지는 풍미

같은 프렌치 드레싱으로 맛을 낸다고 해도
채소에 따라 향과 식감이 달라집니다.
때로는 과일로 산미와 향을 더하거나,
치즈를 추가해 포만감을 높이면 또 다른 변화를 줄 수 있어요.
간장이나 참기름 같은 조미료를 가감하여 다양한 맛을 표현할 수 있습니다.
1년 내내 샐러드를 먹어도 질리지 않는 이유가 여기에 있다고 할 수 있죠.
여러분도 제철 채소와 과일을 듬뿍 사용한 샐러드를 즐겨보세요.

CONTENTS

봄 샐러드

여름 샐러드

가을 샐러드

겨울 샐러드

언제든 간편하게 만들 수 있는 데일리 샐러드

Column

이 책의 사용법

이 책에서 사용하고 있는 계량컵은 200㎖, 계량스푼
1큰술은 15㎖, 1작은술은 5㎖입니다. 1㎖는 1cc입니다.

이 책에서는 전자레인지에 돌리거나 끓는 물을 사용할 때 직경
약 23cm의 내열성 유리 볼을 사용하고 있습니다.

전자레인지, 푸드 프로세서 등은 각 제조사의 취급설명서 등을 충분히
읽어보신 후에 올바르게 사용하시기 바랍니다.

전자레인지는 금속 및 금속제 부분이 있는 용기나 비내열성 유리 용기, 칠기,
목제, 죽제, 종이제, 내열 온도가 140℃ 미만인 수지제 용기 등을 사용할 경우
고장 및 사고의 원인이 될 가능성이 있으니 주의하시기 바랍니다. 본문 중에 표
시한 전자레인지의 조리 시간은 특별한 기재가 없는 한 600W를 사용합니다.
700W의 경우에는 약 0.8배, 500W의 경우에는 약 1.2배로 조리 시간을 조
절해주시기 바랍니다.

전자레인지 조리 시간은 제품 모델에 따라 다르므로 상태를 보면서 조절해주시
기 바랍니다.

가열 조리 시에 랩을 사용하는 경우에는 사용 설명서에 기재된 내열 온도 등을
확인한 후에 올바르게 사용하시기 바랍니다.

조미료 종류는 특별한 제품을 언급하지 않는 이상 간장은 진간장, 설탕은 백설
탕, 식초는 미초, 올리브유는 엑스트라 버진 올리브유를 사용하고 있습니다.

레시피에 있는 'Time 00min'은 대략적인 조리 시간이므로 참고하시기 바랍니다.

봄 샐러드

Spring

유채와 바지락의
페페론치노 샐러드

봄에만 즐길 수 있는 특별한 조합!
조리 전에 유채를 물에 담가 두면 유채잎과 줄기가 수분을 가득 머금어
더욱더 아삭하고 맛있어집니다.

재료 (2인분)

바지락 (해감한 것) 200g
유채 1단 (150g)
다진 마늘 1쪽
올리브유 1큰술
잘게 썬 홍고추 약간
[상비 재료] 소금
[1인분 90kcal]

1

유채 밑동의 딱딱한 부분을 잘라서 물에 담가 아삭하
게 만든 후, 먹기 좋은 길이로 자른다. 내열성 믹싱 볼
에 넣어 소금 ½작은술을 추가해 버무린다. 바지락은
껍질끼리 문질러 씻는다.

2

바지락, 마늘, 홍고추, 올리브유를 넣어 함께 버무리
고 여유 있게 랩을 씌워 약 6분간 전자레인지(600W)
에 돌린다. 바지락의 입이 벌어지면 완성!

당근, 적양배추와
오렌지를 버무린 샐러드

화려한 색감에 맛까지!
단단한 적양배추는 끓는 물로 살짝 숨을 죽이는 것이 포인트예요.
과일과 꿀의 자연스러운 달콤함이 살아있는 샐러드입니다.

재료(2~3인분)

당근 1개 (150g)
오렌지 1개
적양배추 ½개 (80g)
프로슈토 4장

A
올리브유 1큰술
화이트 와인 비니거(또는 식초) 1작은술
꿀 2작은술

건포도 20g
[상비 재료] 소금, 식초
[1인분 150kcal]

1

당근은 얇게 채 썬 뒤 소금을 살짝 뿌려 가볍게 버무
린다. 적양배추는 잘게 채 썰고 내열성 믹싱 볼에 넣어
끓는 물을 내용물이 모두 잠길 때까지 붓는다. 그리고
곧바로 물기를 짠 후 소금 약간, 식초 1작은술을 뿌려
가볍게 버무린다. 오렌지는 겉껍질과 속껍질을 벗겨 먹
기 좋게 자른다.

2

1을 볼에 넣고 **A**를 순서대로 넣은 후 건포도를 뿌려
섞어준다. 그릇으로 옮겨 담아 프로슈토를 얹는다.

닭가슴살과 화이트 아스파라거스가 어우러진 샐러드

화이트 아스파라거스 통조림의 맛을 재발견할 수 있는 레시피예요.
촉촉하게 찐 닭가슴살이 마요네즈의 맛과 잘 어우러지며
보기에도 산뜻한 비주얼의 샐러드가 탄생하죠.

재료 (2인분)

닭가슴살 1개 (200g)
화이트 아스파라거스(통조림) 1개 (200g)
양파 $\frac{1}{2}$개 (100g)

A 마요네즈 2큰술
홀그레인 머스터드 $\frac{1}{2}$작은술

[상비 재료] 소금, 맛술
[1인분 230kcal]

1
양파는 세로로 얇게 썰어 약 5분간 물에 담가둔
후 물기를 짜낸다.

2
전자레인지로 닭가슴살을 쪄주고(자세한 설명은
p.40 참조), 먹기 좋은 크기로 얇게 자른다.

3
볼을 깨끗이 닦아 **A**를 섞고, 찐 닭가슴살을 넣어
버무린 다음 그릇으로 옮겨 담는다. 화이트 아스파
라거스 통조림의 물기를 제거한 후 옆에 곁들인 뒤
양파를 올려준다.

딸기와
그린빈의 감주 샐러드

봄 특유의 화사한 색감을 즐길 수 있는 싱그러운
조합의 샐러드예요. 감주 드레싱이 딸기의 달콤함과
산미에 무척 잘 어울립니다.

재료 (2~3인분)

딸기 150g
그린빈 8~10개
그린 아스파라거스 3개
감주 드레싱
 감주 2큰술
 올리브유 1큰술
 식초 1큰술
 소금 ½작은술
[1인분 80kcal]

1
그린빈은 꼭지와 등 가운데의 줄기 부분을 떼어낸다. 크기
가 큰 것은 반으로 자른다. 아스파라거스는 밑동의 딱딱한
부분을 잘라내 4cm 길이로 자른다.

2
1을 내열성 믹싱 볼에 넣고 여유 있게 랩을 씌워 약 3분간
전자레인지(600W)에 돌린다. 그리고 물을 넣어 식힌 뒤 내
용물을 꺼내 물기를 충분히 제거한다.

3
볼을 닦은 후 감주 드레싱의 재료를 넣고 잘 섞어준다. 꼭
지를 뗀 딸기를 반으로 잘라 넣은 후 **2**와 함께 버무린다.

에스닉 스타일
찐 양상추 샐러드

끓는 물로 간단하게 양상추를 쪄보세요.
아삭한 식감은 그대로 살리면서 부드럽게 숨이 죽어 더욱더 맛있어요.
부담 없이 마음껏 즐길 수 있는 샐러드입니다.

재료(2인분)

양상추 ½개 (150g~200g)
남플라 소스 1큰술
참기름 1큰술
땅콩 적당량
건새우 적당량
[1인분 50㎉]

1

양상추는 씻은 다음 적당히 찢고 물기를 짜내 내열성 믹싱 볼에 넣어 참기름과 버무린다. 끓는 물을 양상추가 잠길 때까지 부은 후 바로 랩을 씌워 1분간 쪄준다. 땅콩은 큼직하게 조각낸다.

2

양상추를 담가놓은 물을 버리고 충분히 물기를 제거한 후 남플라 소스를 넣어 버무린다.

3

그릇으로 옮겨 담아 땅콩과 건새우를 뿌려준다.

파바빈과
양하를 더한 포테이토 샐러드

포테이토 샐러드는 어떤 채소를 곁들이느냐에 따라 향과 식감이 달라집니다.
양하를 식초에 절여 산뜻한 색감을 한층 살리고 산미를 더합니다.

재료(2인분)

감자 2개 (300g)
양하 1개
파바빈(껍질 벗긴 것) 80g
마요네즈 4큰술
[상비 재료] 식초, 소금
[1인분 300kcal]

1

잘게 썬 양하를 볼에 넣고 식초 1작은술, 소금 ⅓ 작은술과 함께 버무린다.

2

감자는 깨끗이 씻어 싹을 제거한 뒤 껍질을 벗기지 않고 물기가 있는 상태에서 랩을 씌워 약 4분간 전자레인지(600W)에 돌린다. 식기 전에 껍질을 벗기고, 2cm 크기로 깍둑썰기한다. 파바빈은 랩을 씌워 약 2분간 전자레인지(600W)에 돌리고, 식기 전에 얇은 껍질을 벗긴다.

3

1이 담긴 볼에 **2**를 넣어 식초 1작은술, 마요네즈를 추가해 함께 섞는다.

※ 뜨거운 감자와 파바빈의 껍질을 벗길 때 화상을 입지 않도록 주의하세요.

찐 닭가슴살과 양배추의 흑초 풍미 샐러드

항상 사용하던 식초를 흑초로 바꾸는 것만으로도 샐러드의 풍미가 한결 살아나요.
색다른 맛의 샐러드를 느껴보세요!

재료(2인분)

닭가슴살 1개 (200g)
양배추 2장 (100g)
흑초 소스

| 흑초 1큰술
| 간장 1큰술
| 참기름 1큰술
참깨 적당량
[상비 재료] 소금, 맛술
[1인분 230㎉]

1
양배추는 먹기 좋은 크기로 자른 후 소금을 약간 뿌려
준다. 랩으로 씌워 약 1분 30초간 전자레인지(600W)
에 돌린다.

2
전자레인지로 닭가슴살을 쪄주고(자세한 내용은 p.40
참조), 먹기 좋은 크기로 찢는다.

3
2의 볼을 깨끗이 닦은 후 찐 닭가슴살을 다시 넣고 양
배추와 미리 만들어둔 흑초 소스를 넣어 함께 섞어준
다. 그릇으로 옮겨 담아 참깨를 뿌린다.

연어와 요거트를 더한
포테이토 샐러드

민트와 시트러스 과즙의 상큼한 향!
요거트와 올리브유로 버무려
가볍게 즐길 수 있는 포테이토 샐러드입니다.

재료 (2~3인분)

감자 2개 (300g)
아보카도 1개
훈제 연어 3~4장

A
소금 ⅓작은술
플레인 요거트(무설탕) 4큰술
올리브유 1큰술
라임즙(또는 레몬즙) 1큰술

민트 잎(기호에 따라) ½팩 분량
라임 또는 레몬 제스트 약간
라임(또는 레몬. 반달 모양으로 자른 것) 적당량
[1인분 230㎉]

1

감자는 깨끗이 씻은 후 싹을 제거한 뒤 껍질을 제거하지
않고 물기가 있는 상태에서 랩을 씌워 약 4분간 전자레인
지(600W)에 돌린다. 식기 전에 껍질을 벗기고, 한입 크기
로 자른 뒤 볼에 넣어 포크로 거칠게 으깬다.

2

아보카도는 세로로 반을 잘라 씨를 제거하고, 껍질을 벗
겨 한입 크기로 자른다. 연어는 먹기 편한 크기로 자른다.

3

1에 **A**의 재료를 순서대로 넣어 가볍게 섞어준 뒤 **2**와 라
임 제스트를 더해 섞는다. 그릇에 담아 잘게 뜯은 민트를
장식용으로 올려주고 라임을 곁들인다.

※ 뜨거운 감자의 껍질을 벗길 때 화상을 입지 않도록 주의하세요.

미역 꼴뚜기 샐러드

봄은 미역이 맛있는 계절입니다.
꼴뚜기를 사용할 때 눈을 제거하면 식감이 훨씬 더 좋아집니다.

재료(2인분)
꼴뚜기 60g
염장 미역 40g
햇양파 ½개 (100g)

A
채 썬 생강 엄지손가락 한 마디 정도의 양
참기름 1큰술
간장 1작은술

단단한 두부 ⅓모 (100g)
참깨 가루 적당량
[상비 재료] 간장
[1인분 150kcal]

1
미역은 소금기를 씻어낸 후 물에 불린 다음 물기를 털어낸다. 그리고 먹기 좋은 길이로 자르고, 물기를 짜지 않은 상태로 내열성 믹싱 볼에 담는다. **A**를 넣어 섞어준 후 여유 있게 랩을 씌워 약 30초간 전자레인지(600W)에 돌린다.

2
두부는 키친 타올로 물기를 닦아낸 뒤 약 2cm 크기로 깍둑썰기하고, 양파는 세로로 얇게 썬다. 꼴뚜기는 눈과 입, 연골을 제거한다.

3
1이 담긴 볼에 **2**를 넣고, 간장 1작은술을 뿌려 버무린다. 그릇에 담아 참깨를 뿌려준다.

하와이언 스타일 참치 샐러드

하와이에서 즐겨 먹는 회 샐러드 포케에 참기름을 추가해 색다른 풍미의 샐러드를 완성했습니다. 래디시와 스프라우트가 맛을 한층 높여줍니다.

⚖ 재료(2인분)

참치(참치 회용) 150g
래디시 3개
적양파 ⅓~¼개 (30g)
스프라우트(적양배추 등) 1팩 (30g)
청차조기 5장
상추 2~3장

A 간장 1큰술
  참기름 1작은술

[상비 재료] 간장, 식초
[1인분 130kcal]

1
참치는 약 2cm 크기의 큐브 모양으로 잘라 볼에 넣고 **A**와 함께 고루 버무린 뒤 10분간 둔다.

2
적양파는 세로로 얇게 썰어 소금 약간과 식초 1작은술을 넣고 버무린 뒤 가볍게 물기를 짠다. 래디시는 얇게 썰고, 청차조기는 잘게 채 썰어준다. 스프라우트는 밑동을 자른다.

3
1을 담은 볼에 **2**를 넣어 고루 섞는다. 그릇에 먹기 좋게 찢은 상추를 깔아준 뒤 그 위에 얹어낸다.

포슬포슬 스크램블드에그
토마토 샐러드

달걀에 마요네즈를 조금 넣은 뒤 전자레인지에 돌려 포슬포슬한 스크램블드에그를 만듭니다.
적양파의 색감과 산미 또한 샐러드의 맛을 더해줍니다.

재료 (2인분)

방울토마토 200g
달걀 2개
적양파 ⅓개 (50g)
마요네즈 2작은술
화이트 와인 비니거 (또는 식초) 1작은술

A
올리브유 2큰술
화이트 와인 비니거 (또는 식초) 1큰술
소금 ⅓작은술

생바질 약간
[상비 재료] 소금
[1인분 250kcal]

1

내열성 믹싱 볼에 달걀을 풀고, 마요네즈를 넣어
잘 섞어준다. 랩을 씌우지 않고 1분간 전자레인지
(600W)에 돌린다. 거품기로 잘 저은 뒤 30초 정도
추가로 저어 잔열을 식힌다.

2

적양파는 세로로 얇게 썰고 소금 약간과 화이트
와인 비니거를 넣어 버무린 후 가볍게 물기를 짠다.
방울토마토는 꼭지를 떼서 세로로 2등분 한다.

3

볼에 담아두었던 달걀이 다 식으면 적양파를 추가
해 **A**와 함께 섞어준다. 방울토마토도 넣어 버무린
다. 그릇에 옮겨 담고 잘게 찢은 바질을 위에 뿌려
준다.

Time 5 min.
요거트의 수분을 제거하는 시간은 제외

병아리콩 , 셀러리 , 오이가 어우러진 샐러드

포슬포슬한 병아리콩과 채소의 아삭한 식감이 즐거운 샐러드.
은은한 카레 풍미를 느낄 수 있는 요거트 드레싱으로 버무려줍니다.

재료 (2~3인분)

병아리콩 (팩) 100g
오이 1개 (100g)
셀러리 ½개 (60g)

A
수분을 제거한 요거트 (또는 그릭 요거트) 2큰술
※ 두꺼운 키친 타올 (부직포 타입)을 깐 체에 플레인 요거트
  (무설탕)를 넓게 부은 후 약 30분간 방치하여 수분을
  제거한 것. 수분이 제거되면 양이 절반으로 줄어든다.
참깨 페이스트 1큰술
참깨 가루 1작은술
간 마늘 약간
올리브유 ½큰술
소금 ½작은술
큐민 씨드 (또는 카레 가루) ½작은술

생 이탈리안 파슬리 약간
[1인분 130kcal]

1

오이는 필러를 사용해 줄무늬 모양으로 껍질을 벗기고 세
로로 4등분 한 후 다시 1cm 두께로 자른다. 셀러리는 섬
유질 부분을 제거하고 1cm 크기로 깍둑썰기한다.

2

볼에 **A**를 순서대로 넣어 섞은 뒤 병아리콩, 오이, 셀러리
를 함께 넣어 버무린다. 그릇에 옮겨 담아 이탈리안 파슬
리로 장식한다.

전자레인지로 닭고기 맛있게 찌는 방법

담백한 맛을 지닌 닭고기는 어떤 재료와도 잘 어울려 원볼 샐러드에
안성맞춤인 식재료예요. 기본적인 조리 방법과 맛의 완성도를 높여줄
닭고기 찌는 방법을 알아볼까요?

Time **10** min.

닭가슴살을 상온에 해동하는 시간과 식히는 시간은 제외

재료 (간단히 만들 수 있는 분량)

닭가슴살 1장 (200g)

밑간

소금 ½작은술보다 약간 적게 (2g)
맛술 1큰술
물 1큰술

[총 290kcal]

1

Point
고기를 상온에 해동한 다음 조
리를 하면 골고루 익히기 쉽습
니다.

닭고기는 상온에 해동한 후 손질한다.

닭고기는 냉장고에서 꺼내 상온에
10~15분간 두어 해동한다. 닭고기
의 두꺼운 부분은 칼로 칼집을 내
잘라 두께를 균일하게 맞춘다.

2

Point
밑간을 한 후 바로 조리하지
말고 잠깐 내버려 두세요. 그
래야 닭고기에 맛이 잘 배어서
풍미 가득한 샐러드를 만들 수
있어요. 닭고기에 적당한 수분
이 생겨 육즙 가득하게 조리할
수도 있습니다.

밑간을 한 뒤 5분간 둔다.

내열성 믹싱 볼에 넣어 밑간할 소금
을 입혀준다. 닭껍질이 위로 오게 한
다음 전체를 포크로 찌르고 맛술과
물을 뿌려 5분간 둔다.

3

Point
닭껍질이 위로 오게 해 전자레
인지에 돌리면 촉촉하게 익힐
수 있어요.

전자레인지에 돌린다.

여유 있게 랩을 씌워 2분 30초~3분
간 전자레인지(600W)에 돌린 후 그
상태 그대로 식히면서 남은 열로 속
까지 익힌다. (상태를 보고 다 익지
않을 것 같다면, 10초 정도 더 전자
레인지에 돌린다.)

4

먹기 좋은 크기로 찢는다.

손으로 만질 수 있을 정도로 식었다
면, 껍질을 벗기고 먹기 좋은 크기로
찢는다(또는 자른다). 크기는 요리
나 취향에 맞춰 정한다.

Summer
여름 샐러드

소이빈과 가지의 두부 소스 샐러드

두부는 올리브유와 궁합이 잘 맞아요. 소금을 넣어주는 것만으로도 맛있게 먹을 수 있습니다.

🥣 재료 (2인분)
대두콩 (팩) 100g
가지 2개
단단한 두부 ⅓모 (100g)
올리브유 1큰술
[상비 재료] 소금
[1인분 210kcal]

1
두부는 키친 타올로 감싸 작은 그릇 위에 올리고 20분간 두어 수분을 제거한다.

2
가지는 꼭지 밑에 한 바퀴 칼집을 내고, 그 부분에서부터 세로로 여러 개의 얕은 칼집을 낸다. 랩으로 감싸 약 3분간 전자레인지 (600W)에 돌린 뒤 그 상태로 식힌다. 손으로 만질 수 있는 정도가 되면 꼭지 밑에 칼집을 낸 곳부터 껍질을 벗기고 먹기 좋은 크기로 자른다.

3
볼에 **1**의 두부와 올리브유, 소금 1작은술을 넣고 섞어 두부 소스를 만든다. 가지와 대두콩을 첨가해 버무린다.

호박, 토마토에
프로슈토를 곁들인 샐러드

차게 해서 먹으면 채소의 달큰함이 한층 더 살아납니다.
프로슈토의 짭짤함과도 좋은 밸런스를 이룹니다.

🍲 재료 (2인분)

호박 300g

토마토 1개 (150g)

프로슈토 30g

건포도 30g

A 소금 ⅓작은술
올리브유 1큰술

[상비 재료] 소금, 설탕

[1인분 270kcal]

1

호박은 씨와 가운데 부분을 파낸 후 필러로 군데군데 껍질을 벗겨 3cm 크기로 깍둑썰기한다. 소금 ⅓작은술, 설탕 ⅓작은술을 넣고 버무린다.

2

토마토는 꼭지를 제거하고 한입 크기로 잘라 내열성 믹싱 볼에 넣는다. **A**를 순서대로 넣고 여유 있게 랩을 씌운 뒤 약 3분간 전자레인지(600W)에 돌린다. 그리고 호박, 건포도를 넣어 섞어준 다음 여유 있게 랩을 씌워 다시 한번 3분 30초~4분간 전자레인지에 돌리고 그 상태에서 열을 식힌다.

3

그릇에 옮겨 담아 프로슈토를 얹어준 후 버무려 먹는다.

에다마메와 그린빈 샐러드

두 콩의 맛과 식감, 그리고 향을 느낄 수 있는 샐러드예요.
위에 수란과 드레싱을 곁들입니다.

재료(2인분)

에다마메 100g

그린빈 100g

브로콜리 ½개 (50g)

얇게 썬 베이컨 1장

수란(시판용) 2개

드레싱

　올리브유 1큰술

　화이트 와인 비니거 2작은술

　소금 약간

[상비 재료] 소금, 블랙 페퍼(입자가 큰 것)

[1인분 220kcal]

1

에다마메의 껍데기를 까 콩을 분리한다. 그린빈은
꼭지와 가운데 등 줄기를 제거한다. 브로콜리는 한
입 크기보다 약간 작은 크기로 송이들을 잘라준다.
베이컨은 5mm 폭으로 자른다.

2

1을 내열성 믹싱 볼에 넣고 물 1큰술과 소금을 약
간 뿌린 뒤 여유 있게 랩을 씌워 약 3분간 전자레
인지(600W)에 돌린다. (3분 후에도 딱딱한 경우에
는 추가로 10~20초씩 돌리면서 상태를 본다.)

3

그릇에 옮겨 담아 수란을 올리고 잘 섞은 드레싱
재료를 그 위에 얹어준다. 마지막으로 블랙 페퍼를
적당량 뿌린다.

문어와 그린빈의
바질 포테이토 샐러드

앤초비로 맛을 낸 바질 페스토로 버무려줍니다.
화이트 와인과 무척 잘 어울립니다.

재료 (2인분)

감자 2개 (300g)
삶은 문어 다리 70g
그린빈 5개 (60g)
바질 페스토
   앤초비 (필레) 1장
   바질 잎 10g
   파슬리 3g
   올리브유 3큰술
   케이퍼 1작은술
   소금 ⅓작은술
   간 마늘 약간
[1인분 330kcal]

1

감자는 세로로 2등분 하여 2cm 두께로 자른 뒤 1~2분간 물에 담가둔다. 물기를 제거하고 내열성 믹싱 볼에 넣어 여유 있게 랩을 씌운 후 약 3분간 전자레인지(600W)에 돌린다. 그린빈은 꼭지를 제거한 것을 어슷썰기로 4등분 해 내열성 믹싱 볼에 넣고, 여유 있게 랩을 씌운 뒤 추가로 약 1분 30초 전자레인지에 돌린다.

2

바질 페스토의 재료는 푸드 프로세서(또는 믹서)로 믹싱하여 페이스트 상태로 만든다.

3

삶은 문어를 한입 크기로 잘라 **1**의 볼에 넣고, 바질 페스토를 함께 넣어 버무린다.

49

옥수수와 감자의
카레 풍미 샐러드

옥수수의 맛이 일품입니다.
감자를 함께 곁들여 카레의 풍미를 느낄 수 있는
샐러드로 완성했습니다.

🍳 재료 (2인분)

옥수수 1개
감자 1개 (150g)
비엔나소시지 2개
빨간 파프리카 ⅓개
카레 드레싱
　백참기름 1큰술
　식초 1큰술
　카레 가루 ⅓작은술
　소금 ⅓작은술
　간 마늘 약간
고수(큼직하게 자른 것) 약간
[1인분 230kcal]

1

옥수수는 칼로 알맹이를 썰어 분리해준다. 내열성 믹싱 볼에 넣고 여유 있게 랩을 씌운 뒤 약 4분간 전자레인지(600W)에 돌린다. 1cm 두께로 자른 소시지를 내열성 믹싱 볼에 넣고 여유 있게 랩을 씌워 추가로 약 1분간 전자레인지에 돌린다.

2

감자는 깨끗이 씻어 싹을 제거한 뒤 껍질을 벗기지 않고 물기가 있는 상태에서 랩으로 씌워 약 3분간 전자레인지(600W)에 돌려준다. 식기 전에 껍질을 벗기고, 한입 크기로 자른다. 파프리카는 1cm 크기로 네모나게 자른다.

3

감자, 파프리카를 **1**에 넣고 카레 드레싱 재료를 섞어 얹어준 뒤 골고루 버무린다. 그릇에 옮겨 고수를 올려준다.

※ 뜨거운 감자의 껍질을 벗길 때 화상을 입지 않도록 주의하세요.

여주 두부 샐러드

여주는 전자레인지에 살짝 돌려주면 숨이 죽으면서 쓴맛이 가라앉아 맛이 잘 뱁니다.
두부를 곁들여 식감도 한층 더 좋아집니다.

재료(2인분)

여주 1개 (300g)
단단한 두부 ½모 (100g)

A
참치(기름은 살짝만 제거) 작은 캔 ½ (약 40g)
참기름 1½큰술
간장 ½작은술
간 마늘 약간
레몬즙 약간

구운 김(자르지 않은 것) 1장
참깨 적당량

[1인분 200kcal]

1
두부는 키친 타올로 감싸고 그릇 여러 개를 올려 2~3분간 방치 후 수분을 제거해 2cm 크기로 깍둑썰기한다.

2
여주는 세로로 2등분 해 숟가락으로 씨와 속을 파낸 뒤 5mm 폭으로 자른다. 랩으로 감싸 전자레인지(600W)에 약 30초간 돌린다.

3
볼에 **A**를 넣고 고루 섞어준다. **1**과 **2**를 함께 넣어 버무려준 뒤 참깨를 뿌려 그릇에 옮겨 담는다. 그 위에 김을 찢어 얹어준다.

Time **10** min.

Time **15** min.

바질과 레몬 향 가득한
쿠스쿠스 샐러드

바삭바삭한 식감을 지닌 쿠스쿠스에 자꾸 손이 갑니다.
뱅어포 특유의 짭짤함이 샐러드의 맛을 살려주는 비결입니다.
올리브유의 풍미도 잘 어우러집니다.

재료 (2~3인분)

쿠스쿠스 100g
오이 1개 (100g)
토마토 (작은 것) 1개 (100g)
뱅어포 40g
양파 ⅙개 (30g)
올리브유 1½큰술
레몬즙 1큰술
바질 잎 약간
[상비 재료] 소금
[1인분 210kcal]

1

내열성 믹싱 볼에 쿠스쿠스와 물 ⅓컵을 넣어 섞은 후 여유 있게 랩을 씌워 약 1분간 전자레인지(600W)에 돌린다. 그 상태에서 10분 정도 뜸을 들이고 가볍게 저어준다.

2

오이와 꼭지를 제거한 토마토는 5mm 크기로 네모나게 자르고, 양파는 잘게 다져준다.

3

1에 오이, 토마토, 양파, 뱅어포를 넣어 섞어준 다음 올리브유, 레몬즙을 추가해 버무린다. 맛을 보고 소금을 약간씩 넣으면서 간을 조절한다. 그릇에 옮겨 담고 바질을 뿌려준다.

중화 스타일 빵빵지 샐러드

닭가슴살을 전자레인지로 찐 다음 볼에 넣어
아삭아삭 오이와 버무리기만 하면 끝.
두부도 곁들여 더 푸짐하게 즐겨보세요!

재료 (2~3인분)

닭가슴살 2개 (120g)
연한 두부 ⅓모 (100g)
오이 ½개 (50g)
양상추 ⅓개
파 3cm

A
참깨 페이스트 3큰술
간장 1½작은술
참기름 2작은술
설탕 1작은술
식초 ½큰술
두반장 ½작은술

참깨 가루 적당량
[상비 재료] 맛술, 소금
[1인분 190kcal]

1
내열성 믹싱 볼에 닭가슴살, 물 2큰술, 맛술 1큰
술, 소금 ⅓작은술을 넣고 여유 있게 랩을 씌운 뒤
1분 30초~1분 40초간 전자레인지(600W)에 돌려
준다. 위, 아래를 뒤집어 다시 랩을 씌우고 그 상태
에서 잔열로 속까지 익힌다. (상태를 보면서 다 익
지 않았을 경우 10초씩 더 전자레인지에 돌린다.)

2
두부는 수분을 제거하고 먹기 좋은 크기로 자른다.
오이는 비스듬히 잘게 채 썬다. 파도 채 썰어 물에
잠시 담가둔 후 물기를 제거한다. 양상추는 먹기
편하게 찢는다.

3
1의 열이 다 식었다면 먹기 편하게 손으로 잘게 찢
어준 뒤 **A**를 순서대로 넣어 골고루 섞는다. 두부를
추가해 가볍게 버무린다. 그릇에 양상추를 깔고 닭
가슴살과 두부를 위에 얹어준 뒤 오이와 파, 그리
고 참깨를 뿌려 완성한다.

흰살생선과 오이가
어우러진 고수 샐러드

흰살생선의 조리도 전자레인지로 해주세요.
신선한 고수와 오이의
푸른 싱그러운 향이 식욕을 돋웁니다.

재료(2인분)

흰살생선(도미 등) 2토막 (160g)
오이 1개 (100g)
양상추 1~2장 (30g)
고수 1줄기

A	남플라 소스 1큰술
	레몬즙 2작은술
	매실장아찌(매실 과육을 다진 것) 1작은술
	설탕 1작은술
	참기름 1작은술

[상비 재료] 맛술, 소금
[1인분 150㎉]

1

내열성 믹싱 볼에 흰살생선을 넣어 맛술 1큰술을 넣고
소금을 약간 뿌린 다음 여유 있게 랩을 씌워 약 2분간
전자레인지(600W)에 돌린 뒤 잔열을 식힌다.

2

오이는 얇게 어슷썰기 한 후 채 썰고, 양상추는 먹기
좋은 크기로 찢는다. 고수는 3~4cm 길이로 자른다.

3

흰살생선 살을 가볍게 으깨 가시를 바르고, **A**를 잘 섞
어 넣어준다. 오이, 양상추와 함께 그릇에 옮겨 담고
고수를 올린다.

체리 루꼴라 샐러드

드레싱이 잘 스며든 쿠스쿠스가 루꼴라와 어우러져 즐거운 식감을 선사합니다.
체리의 달콤함과도 궁합이 좋습니다.

재료(2인분)

체리 100g
쿠스쿠스 50g
루꼴라 40g
잣 약간
머스터드 드레싱
　올리브유 1큰술
　화이트 와인 비니거 ½큰술
　프렌치 머스터드 1작은술
　꿀 ½작은술
　레몬즙 ½작은술
　소금 ⅓작은술
[상비 재료] 소금, 블랙 페퍼(입자가 큰 것)
[1인분 200kcal]

1

내열성 믹싱 볼에 쿠스쿠스와 물 4큰술을 넣어 섞은 뒤 여유 있게 랩을 씌워 약 1분간 전자레인지(600W)에 돌린다. 그 상태에서 잔열이 식을 때까지 뜸을 들이고, 가볍게 저어준다.

2

머스터드 드레싱 재료를 골고루 섞은 후 **1**에 넣어 쿠스쿠스와 잘 버무린다.

3

루꼴라는 먹기 좋은 길이로 자르고, 체리는 반으로 잘라 씨를 제거한 뒤 잣과 함께 **2**에 넣어 버무린다. 그릇으로 옮겨 담아 소금과 블랙 페퍼를 약간씩 뿌려준다.

Time 5 min.

수박 치즈 샐러드

그리스 등의 지중해 지역에서 즐겨 먹는
짭조름한 맛이 강한 페타 치즈와 수박이 만났어요.
여름이 물씬 느껴지는 샐러드에 푹 빠져보세요!

재료 (3~4인분)
수박 (껍질 벗긴 것) 280g
페타 치즈 60~80g

A
올리브유 1큰술
레몬즙 2작은술
소금 $\frac{1}{4}$작은술

레몬 제스트 $\frac{1}{2}$개 분량
[1인분 130kcal]

1
수박은 한입 크기로 잘라 씨를 제거하고 볼에 넣는다.
A를 섞은 소스와 함께 버무린다. 페타 치즈를 잘게 뜯
어 가볍게 섞어준다.

2
그릇에 담고 그 위에 레몬 제스트를 얹는다.

호박과 렌틸콩의
스파이시 샐러드

렌틸콩 알맹이들의 맛과 식감이 포인트입니다.
전자레인지로 쪄주기만 하면 되는 간단한 레시피예요.

재료 (2~3인분)

호박 200g
렌틸콩 (건조) 2큰술

A | 백참기름 2큰술
카레 가루 ⅓작은술
소금 ⅓작은술

아몬드 슬라이스 적당량

[1인분 170kcal]

1
렌틸콩을 내열성 믹싱 볼에 담고 끓는 물 ⅓컵을 넣는다. 여유 있게 랩을 씌운 뒤 약 3분간 전자레인지(600W)에 돌린 다음 식힌다.

2
호박은 씨와 가운데 속 부분을 제거해 적당히 씻은 뒤 2cm 크기로 깍독썰기한다. 랩으로 감싸 약 3분 30초간 전자레인지(600W)에 돌린다.

3
1의 볼에 있는 물을 버리고 물기를 완전히 제거한 후 호박과 **A**를 넣어 함께 섞어준다. 그릇에 옮겨 담고 아몬드 슬라이스를 뿌려준다.

소고기 샤부샤부에
오이를 곁들인 샐러드

얇은 샤부샤부용 고기에 끓는 물을 부으면 속까지 잘 익어요.
약간의 산미가 살아있는 굴소스로 맛을 완성합니다.

재료 (2~3인분)

소고기 (샤부샤부용) 150g

오이 1개 (100g)

A
참기름 1큰술
굴소스 ½큰술
간장 ½큰술
식초 2작은술
홍고추 (잘게 썬 것) 약간

무순 ½묶음

[1인분 170㎉]

1

내열성 믹싱 볼에 소고기를 넣고, 끓는 물을 잠길
정도로 부어준 뒤 섞어준다. 고기의 색깔이 확실히
변하면 물을 버리고 물기를 잘 제거한다.

2

오이는 대패질하듯이 필러로 얇게 썰어낸 후 **1**에 넣
는다. 미리 만들어둔 **A**를 함께 넣어 버무린다.

3

그릇에 옮겨 담은 후 무순 뿌리를 제거해 길이를
반으로 잘라 위에 뿌려준다.

Time 15 min.

아보카도와 토마토의
타이 스타일 샐러드

토마토를 볼에 담은 뒤 끓는 물을 부어주면 껍질을 쉽게 벗길 수 있습니다.
끓는 물을 이용해 껍질을 벗긴 토마토는 식감이 부드러워지고, 맛도 한층 더 살아납니다.

재료(2~3인분)

아보카도 1개
토마토(작은 것) 3개 (180~200g)
건새우 1큰술
땅콩 1큰술
백참기름 2큰술
고수 적당량

A
남플라 소스 1작은술
레몬즙 1작은술

B
백참기름 1작은술
남플라 소스 ½작은술
레몬즙 약간

[상비 재료] 블랙 페퍼(입자가 큰 것)

[1인분 210㎉]

1

토마토는 꼭지를 제거하고 반대쪽에 십자 모양의 칼집을 가볍게 넣은 뒤 내열성 믹싱 볼에 넣는다. 토마토가 잠길 때까지 끓는 물을 붓고 잠시 기다린다. 껍질이 말리기 시작하면 물을 버리고 차가운 물을 넣어 껍질은 완전히 벗긴 다음 물기를 제거한다.

2

물기를 닦아낸 볼에 건새우, 반으로 자른 땅콩, 백참기름을 넣은 뒤 여유 있게 랩을 씌워 약 10초간 전자레인지(600W)에 돌린다. **A**를 함께 넣어 섞고 그대로 식힌다.

3

아보카도는 세로로 2등분 하여 씨와 껍질을 제거하고 2cm 크기로 깍둑썰기한다. **1**의 토마토는 8mm~1cm 두께로 동그랗게 자른다. 고수는 적당히 찢어준다.

4

그릇에 토마토를 깔고 **B**를 섞어 부어준 후 아보카도를 올린 다음 다시 그 위에 **2**를 얹어낸다. 마지막으로 고수와 블랙 페퍼를 적당량 뿌려준다.

채소를 씻은 뒤 물기 제거는 확실하게!
물기가 남아있으면 샐러드 맛이
밍밍해질 수 있습니다.

채소를 씻은 뒤에는 확실하게 물기를 제거해주세요.
물기가 남아있으면 간이 제대로 배지 않아 맛이 심심해
질 수 있습니다. 채소 탈수기가 있다면 이를 이용해 물
기를 완전히 제거할 수 있습니다. 채소 탈수기가 없는
경우에는 천이나 키친 타올로 물기를 완전히 제거해주
세요. 전자레인지에 돌리거나 끓는 물을 사용한 채소
도 마찬가지입니다. 샐러드를 만들 때 수시로 볼을 닦
아 물기가 남지 않도록 하는 것이 포인트!

전자레인지에 돌린 후 1~2분간은 랩을 그대로

고기나 생선 등을 전자레인지에 돌린 후 열이 남아 아
직 뜨거울 때 랩을 벗기면 급속하게 수분이 날아가 육
즙과 맛이 사라질 수 있습니다. 1~2분간 방치하면 고
기와 생선 속의 수분을 잡아 맛을 그대로 유지할 수
있습니다. 감자나 고구마 같은 서류 작물을 랩에 씌워
찔 때도 마찬가지입니다.

맛있는 원볼 샐러드를 만들려면?

견과류나 크래커 등을 첨가해 식감 UP!

맛있는 샐러드를 만드는 데 있어 식감은 무척 중요한
요소입니다. 아삭한 채소에 잘게 부순 땅콩, 아몬드,
호두 같은 견과류를 뿌려주면 식감도 좋아지면서 고소
함이 더해집니다. 참깨, 건새우, 크래커 등을 올리는
것도 추천합니다.

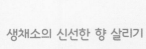

생채소의 신선한 향 살리기

주재료인 채소를 전자레인지에 돌리거나, 익힌 고기 및
생선과 함께 버무릴 때 마지막 단계에서 생채소를 조
금 첨가하면 신선한 향과 식감이 더해집니다. 무순이
나 허브, 잎채소류를 넣어주면 맛에 포인트가 되기도
합니다.

가을 샐러드

Autumn

포도 모차렐라 치즈 샐러드

과일과 모차렐라 치즈는 잘 어울리는 조합입니다.
민트와 라임의 향을 추가해 청량함을 더욱 살렸습니다.

🍴 **재료(2인분)**

포도(샤인 머스캣 등 껍질이 있는
　　채로 먹을 수 있는 것) 200g
모차렐라 치즈 100g
민트 잎 ⅓팩 분량
라임(또는 레몬) ½~1개
올리브유 1큰술
[상비 재료] 소금
[1인분 260kcal]

1

포도는 반으로 자르고, 씨가 있으면 씨를 제거해 볼에 담
는다. 모차렐라 치즈는 한입 크기로 뜯어 볼에 넣는다.

2

민트, 올리브유, 소금 ⅓작은술을 넣는다. 라임은 취향
에 맞게 양을 조절해 과즙을 뿌리고, 껍질을 갈아 적당
량 얹은 후 버무린다.

Time 10 min.

허니 머스터드를 입은
포테이토 소시지 샐러드

저먼 포테이토 스타일 조합에 신선한 크레송을 곁들이면
향과 식감이 살아나며 훌륭한 샐러드로 완성됩니다.

재료(2인분)

감자 2개 (300g)
비엔나소시지 2~3개
크레송 1묶음
허니 머스터드 드레싱
| 올리브유 1큰술
| 홀그레인 머스터드 2작은술
| 화이트 와인 비니거 2작은술
| 꿀 1작은술
| 소금·후추 약간씩
[1인분 240kcal]

1

감자는 한입 크기로 자르고 소시지는 비스듬히
3~4등분 하여 내열성 믹싱 볼에 함께 담는다. 여유
있게 랩을 씌워 3~4분간 전자레인지(600W)에 돌린
다. (감자가 딱딱할 경우 추가로 20~3초 정도 돌리
면서 상태를 지켜본다.)

2

허니 머스터드 드레싱의 재료를 섞어 **1**에 넣어준 뒤
버무린다. 적당한 크기로 찢은 크레송을 얹어 고루
섞는다.

아삭한 포테이토
명태 샐러드

끓는 물에 감자를 담가 쪄주면
생감자의 아삭함을 유지하면서 익힐 수 있습니다.
무순 특유의 맛과 향으로
계속 먹어도 질리지 않는 샐러드가 완성됩니다.

⚖️ **재료 (2인분)**

감자 2개 (300g)
명란젓 두 덩이
무순 1팩
마요네즈 3큰술

[1인분 270 kcal]

1

감자는 잘게 채 썰어 물로 가볍게 씻어준 뒤 물기를 제거해 내열성 믹싱 볼에 담는다. 감자가 잠길 때까지 끓는 물을 붓고, 곧바로 틈이 생기지 않도록 랩을 씌운 다음 5분간 쪄준다.

2

명란젓은 얇은 껍질을 벗긴 뒤 살을 으깬다. 무순은 뿌리를 잘라내 길이를 반으로 자른다.

3

1의 물을 버린 다음 물기를 완전히 제거하고 **2**와 마요네즈를 넣어 함께 버무린다.

닭가슴살과 우엉의
유자 후추 크림 샐러드

우엉도 전자레인지로 조리 뚝딱!
우엉의 진한 향이 유자 후추로
풍미를 더한 크림소스와 잘 어우러집니다.

재료(2인분)

닭가슴살 1장 (200g)
우엉 ⅓개 (50g)
화이트 와인 비니거 2작은술
유자 후추 크림소스
　생크림 2큰술
　유자 후추 ¼작은술
[상비 재료] 소금, 맛술
[1인분 220kcal]

1

우엉은 껍질을 긁어 벗긴 후 씻고 칼로 연필을 깎듯이
3cm 길이로 얇게 썰어준다. 다시 한번 깨끗하게 씻은 뒤
물기를 제거하고 내열성 믹싱 볼에 넣어 와인 비니거를 뿌
린다. 여유 있게 랩을 씌워 약 2분간 전자레인지(600W)
에 돌린 후 꺼내 열을 식힌다.

2

닭가슴살을 전자레인지에 쪄주고(자세한 내용은 p.40 참
조), 먹기 좋은 크기로 찢는다. 볼을 깨끗이 닦고 닭가슴
살과 **1**을 다시 넣어준다. 잘 섞은 유자 후추 크림소스를
넣어 고루 버무린 뒤 약간의 소금으로 간을 조절한다.

⚖ 재료(2인분)

무화과 2개

양송이 3~4개

루꼴라 1묶음

A
참깨 페이스트 1큰술
메이플 시럽 1큰술
화이트 와인 비니거 2작은술
소금 약간

[상비 재료] 소금, 블랙 페퍼(입자가 큰 것)

[1인분 120kcal]

1

무화과는 껍질을 벗겨 세로로 4~6등분 하여 자른다. 양송이는 밑뿌리를 제거하고 5mm 폭으로 자른다. 루꼴라는 큼직하게 잘라준다.

2

볼에 **A**를 넣어 섞은 뒤 **1**을 추가해 함께 버무린다. 그 릇에 옮겨 담아 약간의 소금과 블랙 페퍼를 뿌려 완성한다.

무화과와 양송이가 어우러진 샐러드

메이플 시럽과 참깨 페이스트로 만든 드레싱의 진한 풍미로
양식 스타일 참깨 무침 샐러드를 완성했습니다.
루꼴라의 쌉싸름함이 무화과의 달콤함을 한층 살려줍니다.

연어 와인찜 샐러드

매실 드레싱과 허브딜의 신선하고 맛있는 조합!
색이 무척 화려해 손님들을 위한 요리로도 손색없습니다.
연어 와인찜도 전자레인지로 간단히 만들어보세요.

⚖ 재료(2인분)

생연어 2토막 (180g)

오이 1개 (100g)

적양파 ½개 (50g)

허브딜 잎 1~2줄기

A
화이트 와인 2큰술
소금 ⅓작은술
딜 줄기 1개
레몬 껍질 약간씩

매실 드레싱
올리브유 2큰술
간장 ½큰술
매실장아찌(매실 과육을 다진 것) 1작은술
레몬즙 ½작은술

[상비 재료] 소금, 식초

[1인분 250kcal]

1
연어는 먹기 좋은 크기로 잘라 내열성 믹싱 볼에 넣고 **A**와 함께 고루 버무린다. 여유 있게 랩을 씌운 뒤 약 2분간 전자레인지(600W)에 돌리고 그 상태에서 식힌다.

2
오이는 얇게 어슷썰기 한 후 채 썬다. 적양파는 세로로 잘게 다지고 소금과 식초를 조금씩 뿌려 함께 버무린다.

3
그릇에 오이를 깔고 **1**의 연어를 올린 뒤 그 위에 적양파와 딜 잎으로 장식한다. 그리고 미리 만들어둔 매실 드레싱을 얹어 완성한다.

⏱ Time **15** min.

닭가슴살을 상온에 해동하는 시간과 식히는 시간은 제외

찐 닭가슴살에
배를 곁들인 샐러드

요거트 풍미의 마요네즈 소스가
배의 달달한 향을 한층 살려줍니다.
시금치의 쌉싸름한 맛과도 절묘하게 어우러집니다.

⚖ 재료 (2인분)

닭가슴살 1장 (200g)

배 1개 (200g)

샐러드용 시금치 1봉지 (30g)

A
마요네즈 3큰술
플레인 요거트 (무설탕) 2큰술
레몬즙 1큰술
올리브유 ½큰술

핑크 페퍼콘 (있을 경우) 약간

[상비 재료] 소금, 맛술

[1인분 320kcal]

1

닭가슴살을 전자레인지로 쪄주고 (자세한 내용은 p.40 참조), 먹기 좋은 크기로 찢는다.

2

배는 껍질을 벗기고 심을 제거해 한입 크기로 자른다. 시금치는 먹기 좋은 크기로 자른다.

3

1의 볼을 깨끗이 닦고, **A**를 넣어 고루 섞어준다.

4

찐 닭가슴살과 배도 함께 넣어 잘 버무린 뒤 그릇에 옮겨 담는다. 시금치를 얹어 장식한 다음 핑크 페퍼콘을 뿌려준다.

두부와 함께 버무린 고구마와 감 샐러드

Time 10 min.
두부의 수분을 제거하는 시간은 제외

고구마와 감의 부드러운 달콤함이 백된장으로 맛을 낸 두부와 조화롭게 어우러집니다.
풍부한 유자 향과 화사한 색감 또한 일품입니다.

재료(2인분)

군고구마(시판용) ½개 (150g)

※ 시판용 군고구마를 구할 수 없을 때는 일반 고구마에
   물로 적신 키친 타올과 랩을 순서대로 감싼 뒤 전자레
   인지(약 120W)에 10~12분간 돌려줘도 좋다.

감 1개

단단한 두부 ⅓모 (100g)

A
두유(무첨가) 1~2큰술
백된장 1큰술
백참기름 1큰술
미림 ½큰술
수수설탕 ⅓작은술
소금 ⅓작은술
유자즙 약간

[1인분 290kcal]

1

두부는 키친 타올로 감싼 뒤 그릇 여러 개를 올려 약
15분간 방치해 물기를 제거한다.

2

군고구마는 1.5cm 크기로 깍둑썰기한다. 감은 껍질
을 벗기고 고구마와 비슷한 크기로 자른 후 씨를 제거
한다.

3

볼에 **A**를 넣고 골고루 섞는다. **1**을 넣고 고구마와 감
도 더해 함께 버무린다.

배와 셀러리 샐러드

블루 치즈의 풍미로 맛을 낸 샐러드.
셀러리의 아삭함과 부드러운 배의 식감이 적절히 어우러져 균형을 이루며
고급스러운 맛을 완성합니다.

재료 (2인분)

배(작은 것) 1개
셀러리 1개 (120g)
블루 치즈 40g
호두(볶은 것) 30g

A
올리브유 2큰술
레몬즙 2작은술
소금 ⅓작은술
후추 약간

[1인분 330 kcal]

1
배는 껍질을 벗기고 세로로 4~6등분하여 먹기 좋은 크기로 잘라 가운데 심을 제거한다. 셀러리는 섬유질을 제거하고, 줄기를 세로로 얇게 어슷썰기 한 뒤 잎을 큼직한 크기로 잘라준다.

2
1을 볼에 넣고 그 위에 블루 치즈를 잘게 뜯어 뿌린다. **A**를 골고루 섞은 후 추가해 함께 버무린다.

3
그릇에 옮겨 담고 잘게 부순 호두를 올린다.

찐 돼지고기에 버섯을 곁들인
마리네이드 샐러드

발사믹에 재워둔 다양한 버섯으로 깊이 있는 샐러드 맛을 느낄 수 있습니다.
마늘도 잘 어우러져 식감 또한 일품입니다.

재료(2인분)

돼지고기 목심(돈가스용) 150g

표고버섯 4개

만가닥버섯(대) ½팩 (80g)

브라운 양송이버섯 6개

양상추 2~3장

A
다진 마늘 ½쪽 분량
레드 와인(또는 화이트 와인) 1큰술

B
다진 마늘 ½쪽 분량
올리브유 2큰술
소금 ¼작은술

C
다진 양파 ¼개 분량
올리브유 1큰술
발사믹 식초 1큰술
간장 1작은술
다진 파슬리 약간
잘게 썬 홍고추 약간

[상비 재료] 소금, 후추

[1인분 390kcal]

1

돼지고기는 한입 크기보다 조금 작은 크기로 자르고, 소금 ¼작은술과 후추를 약간 뿌려 내열성 믹싱 볼에 넣는다. **A**를 넣은 뒤 여유 있게 랩을 씌워 3분~3분 30초간 전자레인지(600W)에 돌린 다음 꺼내둔다. (육즙이 남아있어도 OK!)

2

표고버섯은 밑동을 제거하고 5mm 폭으로 자른다. 만가닥버섯은 뿌리를 잘라 떼어내고 송이 묶음을 뜯어준다. 양송이버섯도 밑동을 제거하고 2~4등분 하여 자른다. 내열성 믹싱 볼에 모두 담고 **B**를 추가해 골고루 섞은 뒤 여유 있게 랩을 씌워 약 2분간 전자레인지(600W)에 돌린다.

3

식기 전에 **C**를 넣어 고루 섞고, **1**과 함께 잘 버무린다.

4

그릇에 손으로 찢은 양상추를 깔고 **3**을 올려준다.

풍미를 결정하는 조미료

오일의 깊은 맛과 식초의 산미, 그리고 소금은 샐러드의 기본적인 맛을 결정해줍니다.
조미료의 사용법을 잘 구분하면 맛의 폭이 넓어져 더욱더 맛있는 샐러드를 즐길 수 있습니다.

오일에 관한 팁

이 책에서는 올리브유, 백참기름, 일반 참기름을 사용하고 있습니다. 올리브유는 제품에 따라서 풍미가 달라지기 때문에 취향에 맞는 것을 사용해주세요. 백참기름은 깨를 볶지 않고 생것로 짜낸 참기름입니다. 일반 참기름과 달리 색이 연하고 향이 없기 때문에 어떤 소재와도 잘 어울립니다. 백참기름 대신에 취향에 맞게 미강유나 유채유 등을 사용해도 좋습니다.

소금에 관한 팁

이 책에서는 일반 소금보다 입자가 굵은 천일염을 사용하고 있습니다. 천일염 중에서도 입자가 작은 것은 같은 양을 계량해도 짠맛이 더 강하게 느껴질 수 있습니다. 꼭 맛을 확인해보면서 취향에 맞게 간을 조절해주세요.

식초에 관한 팁

화이트, 레드 와인 비니거는 식초와 다른 화려한 향과 산미가 살아있어 서양풍 샐러드에 잘 어울립니다. 화이트와 레드는 취향에 따라 사용하면 되지만, 레드 와인 비니거가 보다 진한 풍미를 지니고 있으니 참고하세요.
흑초나 발사믹 식초는 진한 풍미와 깊이 있는 산미가 살아있습니다. 맛의 강약을 조절하고 싶을 때, 맛의 포인트를 주고 싶을 때 사용할 것을 추천합니다.
일본의 미초와 곡물초는 종류가 다양해 부드럽고 순한 맛, 풍미가 강한 맛 등으로 각각 특유의 맛을 가지고 있습니다. 맛을 비교해 보며 자신의 취향에 맞는 것을 찾아보는 것도 좋습니다.

Winter 겨울 샐러드

닭가슴살에 쑥갓과 참마를 곁들인
스파이시 샐러드

향긋한 쑥갓과 중화 스타일 소스의 맛을 즐길 수 있습니다.
아삭하게 씹히는 참마와 촉촉한 닭가슴살의 조합이 매우 좋습니다.

재료 (2인분)

닭가슴살 1장 (200g)
쑥갓 1단 (100g)
참마 100g

A
간장 1큰술
참기름 1큰술
식초 1큰술
두반장 ½작은술
간 마늘 약간

[상비 재료] 소금, 맛술
[1인분 250kcal]

1
닭가슴살을 전자레인지에 쪄주고(자세한 내용은 p.40
참조), 먹기 좋은 크기로 찢는다.

2
쑥갓은 손으로 잎을 떼어준다. 참마는 먹기 좋은 크기
의 막대 모양으로 자른다.

3
1의 볼을 깨끗이 닦은 뒤 찐 닭고기와 **2**를 넣고 미리
섞어둔 **A**를 추가해 함께 버무린다.

양배추와 사과, 아보카도가 어우러진 코울슬로

곱게 간 양파로 드레싱 소스를 만들면 은은하게 퍼지는
매콤달콤한 풍미를 느낄 수 있어요. 채소와 무척 잘 어울리죠.
사과와 아보카도의 궁합도 좋습니다.

🍯 재료 (2인분)

아보카도 1개
사과 ½개
양배추 ¼개 (200g)
양파 드레싱

　간 양파 ½개 분량
　올리브유 2큰술
　큐민 씨드 1작은술
　식초 1작은술
　소금 ½작은술
　후추 약간

[1인분 310kcal]

1
양배추는 잘게 다져준다. 사과는 껍질을 벗기지 않은
상태에서 세로 4등분 하고 가운데 심을 제거한 뒤 세
로 5mm 폭으로 자른다. 그리고 다시 끝에서부터 1cm
폭으로 자른다. 아보카도는 세로로 2등분 한 후 껍질
과 씨를 제거해 1cm 크기로 깍둑썰기한다.

2
볼에 양파 드레싱의 재료를 넣고 잘 섞은 뒤 **1**을 함께
넣어 버무린다.

콜리플라워의 가쓰오부시 조림 샐러드

육수용 가쓰오부시에 물을 붓기만 하면 소스 만들기 끝!
여기에 콜리플라워를 함께 담아 전자레인지에 가볍게 돌려줍니다.
생채소를 사용해 아삭하고 탱글탱글한 식감을 느낄 수 있는 것이 이 샐러드의 포인트입니다.

재료 (2~3인분)

콜리플라워(대) ⅓개 (100g)
방울토마토 7개 (100g)
순무 1개 (100g)
참치(기름을 가볍게 제거) 작은 캔 1개 (70g)
셀러리 ½개 (30g)
육수용 가쓰오부시 8g
무순 ⅓팩
[상비 재료] 소금, 간장, 식초
[1인분 90kcal]

1

콜리플라워는 송이를 뜯어준 후 세로로 2~3등분 한다. 셀러리는 끝에서부터 1~2mm의 두께로 얇게 썬다. 방울토마토는 꼭지를 떼고, 세로로 2등분 한다. 순무는 2~3mm의 두께로 얇게 썰고(큰 것은 세로로 2등분) 소금을 약간 뿌려 가볍게 버무린다.

2

내열성 믹싱 볼에 육수용 가쓰오부시와 끓는 물 ¼컵을 넣고 30초간 둔 후 가쓰오부시를 꼭 짜서 꺼낸다. 간장 1큰술, 콜리플라워를 함께 넣고 랩을 씌워 1분간 전자레인지(600W)에 돌린다.

3

2에 순무, 셀러리, 방울토마토, 참치, 식초 1큰술을 넣어 고루 버무린다. 그릇에 옮겨 담고, 뿌리 부분을 제거한 무순을 얹어준다.

미소 된장으로 풍미를 더한
돼지고기 양배추 샐러드

전자레인지로 요리해 따끈따끈하고 미소 된장의 풍미가 느껴지는 저민 돼지고기와 양배추를 함께 버무려줍니다.
양배추의 숨이 살짝 죽으면서 부피가 줄어들어 부담 없이 마음껏 즐길 수 있습니다.

재료 (2인분)

저민 돼지고기 100g
양배추 3~4장 (250g)

A
미소 된장 1큰술
맛술 1큰술
참기름 1작은술
설탕 1작은술
간장 ½작은술
두반장 ½작은술
간 마늘 약간
다진 생강 약간

[1인분 190kcal]

1
내열성 믹싱 볼에 저민 고기와 **A**를 넣어 고루
버무리고 여유 있게 랩을 씌워 2분 30초간 전
자레인지(600W)에 돌린 뒤 열을 식힌다. 적당
히 식을 때쯤 조리용 젓가락으로 포슬포슬하
게 풀어준다.

2
양배추는 조금 두껍게 채 썬 뒤 그릇에 담아
1을 올리고 가볍게 버무려 완성한다.

Ⓣime **15** min.

카망베르와 크레송,
브로콜리가 한데
어우러진 샐러드

크레송 같이 향이 강한 채소는
치즈와 최고의 조합을 이룹니다.
호두나 크래커의 식감과 향이
맛의 재미를 한층 더해주는 샐러드입니다.

⚖ 재료 (2인분)

카망베르 치즈 50g
크레송 2묶음
브로콜리 ⅙개 (50g)
사과 ⅙개 (30g)
호두 (볶은 것) 15g
크래커 3개

A 올리브유 1큰술
화이트 와인 비니거 (또는 식초) 1작은술
소금 ⅓작은술

[상비 재료] 소금
[1인분 230㎉]

1

브로콜리의 송이를 하나, 하나, 뜯어준 후 줄기 부
분에 십자 모양의 칼집을 넣고 내열성 믹싱 볼에 담
는다. 물 1큰술, 소금 ⅓작은술을 넣고 여유 있게
랩을 씌워 약 2분간 전자레인지(600W)에 돌린 뒤
열을 식힌다.

2

크레송은 먹기 좋은 길이로 자른다. 사과는 껍질을
벗기지 말고 가운데 심을 제거한 후 가로로 5mm
두께로 자른다.

3

1의 볼에 크레송과 사과를 넣고, 치즈를 손으로 떼
어서 뿌린다. 호두도 잘게 부숴 넣은 뒤 **A**와 함께
고루 섞는다. 마지막으로 잘게 부순 크래커를 얹어
완성한다.

가리비와 자몽의
요거트 샐러드

세련된 싱그러운 맛을 느낄 수 있는 샐러드.
자몽의 산미와 향이 식욕을 돋워줍니다. 색감 또한 산뜻합니다.

요거트의 수분을 제거하는 시간은 제외

⚖ 재료 (2인분)

가리비 관자 (회용) 200g

자몽 1개

순무 1개 (100g)

A
플레인 요거트 (무설탕) 40g
올리브유 $1\frac{1}{2}$ 큰술
소금 $\frac{1}{3}$ 작은술
유자 후추 약간

[상비 재료] 소금

[1인분 220kcal]

1

두꺼운 키친 타올(부직포 타입)을 깐 체에 요거트를 부은 후 약 30분간 둬 수분을 제거한다. 가리비는 체 위에 올린 뒤 끓는 물을 재빨리 부어준다. 물기를 제거 하고 식으면 먹기 좋은 두께로 자른다.

2

순무는 얇게 썰어 소금을 약간 뿌려 버무린 뒤 수분을 가볍게 제거한다. 자몽은 속의 하얀 것이 모두 없어질 정도로 껍질을 두껍게 벗기고, 자몽 조각에 칼로 칼집 을 내 과육을 분리한다.

3

볼에 **A**를 넣어 함께 섞은 다음 가리비, 순무, 자몽을 넣어 버무린다.

97

순무와 시금치에 베이컨을 곁들인 샐러드

전자레인지로 따뜻하게 가열한 베이컨과 올리브유가 식기 전에 순무를 넣어 숨을 죽입니다.
삶은 것도 아닌, 그렇다고 삶지 않은 것도 아닌 순무의 식감이 그대로 느껴지는 달큰하고 맛있는 샐러드입니다.

재료 (2인분)

순무(소) 2개 (150g)
베이컨(얇게 썬 것) 4장 (50g)
샐러드용 시금치 1봉지 (30g)
올리브유 1큰술
다진 마늘 약간

A
레몬즙 1작은술
소금 ⅓작은술
블랙 페퍼(입자가 큰 것) 약간

레몬 적당량
[1인분 180㎉]

1

순무는 껍질을 벗기고 세로로 2등분 한 후 다시 세로로 2~3mm 두께로 자른다. 시금치는 먹기 좋은 크기로 자르고, 베이컨은 5~6mm 폭으로 자른다.

2

내열성 믹싱 볼에 베이컨과 마늘, 올리브유를 함께 넣어 버무린 뒤 여유 있게 랩을 씌워 약 1분간 전자레인지(600W)에 돌린다. 식기 전에 순무를 넣어 고루 섞은 다음 **A**를 추가해 고루 섞는다.

3

마지막으로 시금치를 넣어 버무리고 그릇에 옮겨 담는다. 취향에 맞게 레몬즙을 뿌린다.

흰살생선과 금귤, 배추 샐러드

감귤류와 흰살생선은 꼭 기억해야 할 조합입니다.
배추의 시원한 아삭함과 허브딜의 향긋한 향이 이 샐러드의 포인트.

재료(2인분)

흰살생선(도미, 가자미, 광어 등 회용,
　　얇게 썬 것) 70g
금귤 5~6개
배추(줄기 부분) 3장 분량
허브딜(생) 2~3줄기
드레싱
　올리브유 1½큰술
　화이트 와인 비니거 2작은술
　소금 ⅓작은술
[상비 재료] 소금
[1인분 170kcal]

1

흰살생선은 소금을 약간 뿌려 3~4분간 재운 뒤 가볍게 물기를 닦는다. 금귤은 깨끗이 씻어 얇게 자르고 씨를 제거한다. 배추 줄기 부분은 길이를 반으로 자른 뒤 다시 세로로 1cm 폭으로 자른다.

2

볼에 드레싱 재료를 넣어 골고루 섞는다. 금귤과 배추, 흰살생선을 넣고 허브딜을 손으로 뜯어서 뿌린 뒤 버무린다.

돼지고기와 숙주를 함께 쪄낸 샐러드

도톰한 두부 튀김을 더해 포만감까지 만점!
내열성 믹싱 볼에 겹겹이 쌓아 담은 뒤 숙주의 수분을 이용해 전자레인지로 찝니다.
폰즈 간장이 산뜻함을 한층 더해줍니다.

재료(2인분)

돼지고기(목심, 얇게 썬 것) 100g
숙주 1봉지 (200g)
두부 튀김 $\frac{1}{2}$개 (80g)
참나물 $\frac{1}{2}$묶음
폰즈 간장 1~2큰술
두반장 약간
[상비 재료] 소금
[1인분 210kcal]

1
돼지고기는 먹기 좋은 크기로 자른다. 숙주는 깨끗이 씻어 잔뿌리를 제거한 뒤 물기를 털어준다. 참나물은 3cm 길이로 자른다. 두부 튀김은 1cm 두께의 먹기 좋은 크기로 자른다.

2
내열성 믹싱 볼에 숙주 $\frac{1}{2}$정도의 양을 넣고, 그 위에 돼지고기를 넓게 올려준다. 소금을 약간 뿌리고 두부 튀김을 올린 다음 남은 숙주를 다시 쌓아준다. 여유 있게 랩을 씌운 뒤 약 2분간 전자레인지(600W)에 돌린다.

3
폰즈 간장과 두반장을 섞어 그 위에 얹은 후 전체를 고루 섞는다. 참나물도 첨가하여 가볍게 버무리고 그릇에 옮겨 담는다.

훈제 연어와 무의 사워크림 샐러드

소금과 사워크림으로 조물조물 버무리기만 하면 완성입니다.
간단하지만, 보기에도 좋아 손님 대접 요리로 손색없습니다.
살짝 숨이 죽은 무의 식감도 부드럽게 즐길 수 있습니다.

⚖️ 재료 (2인분)

훈제 연어 5장 (35g)
무 ⅓개 (150g)
사워크림 2큰술
처빌 (또는 허브딜) 적당량
[상비 재료] 소금
[1인분 100kcal]

1

무는 필러(또는 슬라이서)를 사용해 1.5cm 폭으로 얇게 밀어준다. 볼에 넣고 소금을 약간 뿌린 뒤 사워크림을 넣어 버무린다.

2

훈제 연어는 먹기 좋은 크기로 잘라 **1**에 넣어준다. 함께 고루 버무린 뒤 그릇에 담고 위에 처빌을 얹는다.

토란 앤초비 샐러드

토란은 큼직하게 으깬 뒤
앤초비 드레싱과 고루 버무립니다.
마지막에 레몬즙을 뿌려 향긋하게 완성!

재료 (2인분)

토란 4개 (320g)

> **A**
> 앤초비(필레) 2장
> 다진 마늘 ½쪽 분량
> 올리브유 1큰술
> 화이트 와인 비니거 1작은술

파슬리 가루 1작은술
레몬 적당량
[상비 재료] 소금
[1인분 150 kcal]

1

토란은 깨끗이 씻어 껍질을 벗기지 말고 랩으로 감싸 약 5분간 전자레인지(600W)에 돌린다. 식기 전에 껍질을 벗겨 내열성 믹싱 볼에 넣은 뒤 포크를 사용해 한입 크기로 으깨고 꺼내둔다.

2

볼에 **A**를 넣고 여유 있게 랩을 씌워 약 10초간 전자레인지(600W)에 돌린다. 앤초비를 포크로 큼직하게 으깬 뒤 토란, 파슬리와 함께 버무리고 약간의 소금을 넣어 간을 조절한다. 레몬즙은 취향에 맞게 뿌린다.

※ 뜨거운 토란의 껍질을 벗길 때 화상을 입지 않도록
　주의하세요.

대구 살코기와 부추를 버무린 중화 스타일 샐러드

부추의 풍미를 느낄 수 있는 샐러드.
된장 굴소스로 깊은 맛을 낸 대구 살코기에 사각사각한 배추를 함께 곁들여 더 맛있습니다.

🍲 재료 (2인분)

대구 2토막 (160g)
배추 2장 (100g)
부추 ⅓묶음 (30g)

A
된장 1큰술
참기름 1큰술
식초 ½큰술
굴소스 2작은술
간 마늘 약간

[상비 재료] 맛술

[1인분 150 ㎉]

1

부추는 5mm 폭으로 자른다. 배추의 줄기 부분은 길
이 4~5cm, 폭 7~8mm로 토막 내듯이 자르고, 이파리
부분을 5mm 폭으로 잘게 자른다.

2

대구는 내열성 믹싱 볼에 넣고 맛술 1큰술을 뿌린다.
그 위에 부추를 올리고, 여유 있게 랩을 씌워 약 2분
30초간 전자레인지(600W)에 돌린다. 그리고 먹기 좋게
살코기를 찢어 비늘과 가시를 제거한다.

3

식기 전에 볼 안의 여유 공간에 **A**를 넣어 잘 섞어준 뒤
대구와 부추를 버무리고 그 상태에서 식힌다.

4

배추의 줄기 부분과 이파리를 섞어 그릇에 깔고, 그 위
에 **3**을 얹어 잘 버무려 먹는다.

소고기 샤부샤부에 쑥갓과 무를 가미한 폰즈 소스 샐러드

샤부샤부용 소고기에 끓는 물을 부어 속까지 익혀줍니다.
간단한 방법으로 고기를 부드럽게 만들 수 있어요.
무를 잘게 사각 썰기 하면 폰즈 소스를 잘 머금게 할 수 있다는 사실을 잊지 마세요!

재료 (2인분)

소고기(샤부샤부용) 150g
무 70g
쑥갓 ½묶음 (50g)
방울토마토 4~6개
폰즈 간장 1~2큰술
[1인분 210㎉]

1

쑥갓 잎을 뜯어준다. 무는 5mm 크기로 사각 썰기 한다. 방울토마토는 꼭지를 떼고 8등분 해서 자른다.

2

내열성 믹싱 볼에 소고기를 넣고 끓는 물을 소고기가 잠길 때까지 붓는다. 전체적으로 색이 바뀌면 물을 버리고 물기를 제거한다. 무와 방울토마토, 폰즈 간장을 넣고 버무린다.

3

그릇에 옮겨 담아 쑥갓 잎을 올려준 뒤 함께 버무리며 먹는다.

수프로 쪄낸 콜리플라워 샐러드

콜리플라워를 따끈따끈한 수프에 담가주세요.
포슬포슬하면서도 아삭함이 동시에 느껴지는 독특한 식감의 매력적인 샐러드가 탄생합니다. 래디시와 양송이는 익히지 않고 생으로 곁들여주세요.

재료 (2인분)

콜리플라워 80g
래디시 2개
양송이버섯 3~4개
레몬 ⅛개
A 과립 수프 가루(양식) 1작은술
소금 약간
올리브유 1½큰술
[1인분 110㎉]

1

콜리플라워는 한 송이씩 잘게 뜯어 3~4mm의 두께로 자르고, 래디시는 잘게 썰어준다. 양송이는 밑동이 더러울 경우 조금씩 잘라 제거한 뒤 얇게 자른다. 레몬은 깨끗이 씻어 얇은 반달 모양으로 자른다.

2

내열성 믹싱 볼에 콜리플라워와 **A**를 넣고 잠길 때까지 끓는 물을 부어준다. 그리고 바로 빈틈없이 랩을 씌운 뒤 그 상태에서 10분간 쪄준다.

3

수프를 가볍게 제거하고, 래디시와 양송이, 레몬, 올리브유를 첨가해 버무린다.

언제든 간편하게 만들 수 있는 데일리 샐러드

Daily Salad

아시아 스타일
양배추 조림 샐러드

남플라 소스와 레몬즙을 함께 버무리는 것만으로
일상에서 흔히 먹는 양배추가 아시아 스타일로 새롭게 변신해요.
견과류의 식감도 이 샐러드의 매력 포인트 중 하나!

재료 (2인분)

양배추 ½개 (200g)
남플라 소스 1작은술
레몬즙 1작은술
믹스 견과류 적당량
[상비 재료] 소금
[1인분 50kcal]

1

양배추는 깨끗이 씻어 물기를 가볍게 제거하고, 큼직하게 자른 뒤 내열성 믹싱 볼에 넣는다. 소금 ½작은술을 넣어 함께 버무린 뒤 여유 있게 랩을 씌워 약 5분간 전자레인지(600W)에 돌린다.

2

수분을 완전히 제거하고 남플라 소스, 레몬즙을 넣어 고루 섞는다. 그릇에 옮겨 담아 믹스 견과류 조각을 뿌려준다.

모로코 스타일의 당근 샐러드

카레 가루와 발사믹 식초를 활용한 샐러드. 진한 풍미를 지닌 데다가
매력적인 매콤한 맛까지 느낄 수 있는 이국적인 샐러드입니다. 술안주로도 잘 어울립니다.

Time **8** min.

재료 (2인분)
당근 (대) 1개 (200g)
블랙 올리브 (씨 없는 것) 4~5개

A
올리브유 2큰술
발사믹 식초 ½큰술
카레 가루 ½작은술
소금 ½작은술

[1인분 160㎉]

1
당근은 3~4mm 두께로 썬다. 올리브는 얇게 편 썰기 한 후 거칠게 손으로 뜯는다.

2
당근을 내열성 믹싱 볼에 넣어 여유 있게 랩을 씌운 뒤 약 5분간 전자레인지(600W)에 돌린다. 올리브와 **A**를 첨가해 잘 버무린다.

레몬 향 가득한 주키니 호박 샐러드

주키니 호박을 필러로 얇고 기다랗게 밀어주면 평소와 다른 식감으로 즐길 수 있습니다.
레몬의 향도 산뜻합니다.

Time **8** min.

재료 (2인분)
주키니 호박 (소) 2개 (200g)

A
올리브유 3큰술
레몬즙 1큰술
소금 ½작은술

[1인분 180㎉]

1
주키니 호박은 필러(또는 슬라이서)를 활용해 세로로 얇게 밀어주고, 길이를 반으로 자른 뒤 1㎝ 폭으로 썬다.

2
볼에 넣어 **A**와 함께 고루 버무린다.

오이와 토마토의 사각사각 샐러드

터키에서 양치기들의 샐러드라고 일컬어지는 샐러드를 정돈해봤어요.
채소를 작고 네모나게 썰면 먹기 편하고 맛도 더 잘 배어듭니다.

Time 5 min.

재료(2인분)
토마토 1개 (150g)
오이 1개 (100g)
양파 ½개 (100g)
이탈리안 파슬리(거칠게 다진 것)
2~3줄기 분량
드레싱
| 백참기름 1큰술
| 올리브유 1큰술
| 적차조기 가루 1작은술
| 소금 ⅓작은술
[1인분 150kcal]

1
오이, 토마토, 양파는 각각 1cm 크기로 사각 썰기 한다.

2
볼에 드레싱 재료를 넣어 고루 섞은 뒤 **1**과 이탈리안 파슬리를 넣어 버무린다.

중화 스타일 피망 샐러드

참기름과 마늘 향이 식욕을 돋웁니다.
전자레인지에 돌려주면 생피망과는 또 다른 식감으로 변신해요. 소스와도 잘 어우러집니다.

Time 5 min.

재료(2인분)
피망 6개

A
식초 1작은술
간장 1작은술
참기름 ½작은술
두반장 ½작은술
수수 설탕(또는 설탕)
한 꼬집
간 마늘 약간
후추 약간

[상비 재료] 소금
[1인분 30kcal]

1
피망은 세로로 2등분 해 꼭지와 씨를 제거한 뒤 먹기 좋은 크기로 자른다. 내열성 믹싱 볼에 넣어 소금 ⅓작은술을 뿌리고 함께 버무린다. 여유 있게 랩을 씌운 뒤 약 3분 30초간 전자레인지(600W)에 돌린다.

2
A를 함께 넣어 잘 섞어준다.

토마토에 모차렐라 치즈를 얹은 크리미 샐러드

사워크림 소스를 얹어주는 것만으로 모차렐라 치즈의 풍미가 한껏 더 살아납니다.
자꾸만 손길이 가는 크리미한 맛의 샐러드예요.

재료 (2인분)

토마토 (소) 2개 (120g)
모차렐라 치즈 1개

A
꿀 1작은술
소금 ⅓작은술

B
사워크림 2큰술
우유 1큰술
레몬즙 1작은술

타임 생잎 (있을 경우) 약간
레몬 껍질 약간
올리브유 적당량

[1인분 230kcal]

1

토마토는 꼭지를 떼고 반대쪽에 십자 모양의 칼집을 가볍게 내준 다음 내열성 믹싱 볼에 담는다. 끓는 물을 토마토가 잠길 때까지 부어 잠시 기다린 후, 껍질이 말리기 시작하면 물을 버리고 차가운 물을 넣어 껍질을 벗긴 다음 물기를 제거한다.

2

토마토를 5~7mm의 두께로 동그랗게 썬 뒤 다시 볼에 넣어주고 **A**와 함께 버무린다. 토마토를 그릇 위에 옮겨 담고 1cm 두께로 자른 모차렐라 치즈를 그 위에 올린다.

3

빈 볼에 **B**를 넣어 잘 섞고 모차렐라 치즈 위에 얹는다. 타임 생잎을 올린 후 간 레몬 껍질과 올리브유를 뿌려 마무리한다.

에그 포테이토 샐러드

Time **10** min.

전자레인지로 반숙 느낌의 달걀까지 만들 수 있답니다.
전자레인지를 사용할 때는 꼭 달걀을 가볍게 풀어주세요.
감자와 달걀의 궁합은 정말 최고예요.

재료 (2인분)

감자 2개 (300g)

달걀 1개

A
올리브유 1큰술
화이트 와인 비니거 1작은술
홀그레인 머스터드 ½작은술
소금 ¼작은술

[상비 재료] 블랙 페퍼(입자가 큰 것)

[1인분 200kcal]

1

감자는 깨끗이 씻어 싹을 제거한 뒤 껍질을 벗기지 말고 물기가 있는 상태에서 랩으로 감싸 약 4분간 전자레인지(600W)에 돌린다. 식기 전에 껍질을 벗기고, 한입 크기로 자른 다음 내열성 믹싱 볼에 넣는다.

2

1의 볼에 달걀을 툭 깨서 넣고, 포크 등을 사용해 전체적으로 가볍게 풀어준다. 랩을 씌우지 말고 약 2분 30초간 전자레인지(600W)에 돌린다. **A**를 잘 섞은 후 위에 빙 둘러주고 달걀을 으깨면서 함께 버무린다. 마지막으로 그릇에 옮겨 담아 블랙 페퍼를 살짝 뿌려 완성한다.

※ 뜨거운 감자의 껍질을 벗길 때 화상을 입지 않도록 주의하세요.

적양배추 샐러드

샐러드를 만들기 전에 적양배추를
식초로 버무려 두면 색감이 살아납니다.
끓는 물로 가볍게 숨을 죽여 소스의 맛과
조화롭게 어우러집니다.

Time **10** min.

⚖️ 재료 (2인분)
적양배추 ¼개 (160g)
호두 (볶은 것) 적당량

A
올리브유 2큰술
화이트 와인 비니거 ½큰술
꿀 2작은술
홀그레인 머스터드 1작은술
프렌치 머스터드 1작은술
소금 ⅓작은술

[상비 재료] 식초
[1인분 180kcal]

1
적양배추는 잘게 다져 볼에 넣은 다음 식초 1
큰술과 함께 버무린다. 끓는 물을 적양배추가
잠길 때까지 붓고, 다시 물을 버려 물기를 완
전히 제거한 뒤 꺼낸다.

2
볼 안에 남은 물기를 닦고 **A**를 넣어 잘 섞어
준다. 적양배추를 다시 볼에 넣어 고루 버무린
다. 마지막으로 그릇에 옮겨 담은 후 잘게 부
순 호두를 뿌려 완성한다.

브로콜리 무침 샐러드

브로콜리는 전자레인지로 쪄준
다음 식기 전에 참기름과 소금
등을 사용해 잘 버무립니다.
브로콜리를 쪄주는 시간은
상태를 확인하며 조절해주세요.

Time 10 min.

🍳 재료 (2인분)

브로콜리 1개 (250g)
다진 마늘 1쪽 분량

A
참기름 1큰술
참깨 가루 1큰술
소금 ⅓작은술
간장 약간

[1인분 120kcal]

1

브로콜리는 한 송이씩 뜯어준 뒤 내열성 믹싱 볼
에 넣어 물 ⅓컵을 부어준다. 그 후 마늘을 첨
가해 여유 있게 랩을 씌워 약 4분간 전자레인지
(600W)에 돌린다.

2

물을 버리고 브로콜리의 물기를 제거한다. 이때,
볼 안에 남아있는 물기도 닦아주고 **A**를 넣어 골
고루 버무린다.

콜리플라워의 요거트 샐러드

마늘의 풍미와 함께 어우러진
소금 요거트의 맛이 정말
매력적이에요. 가지를 대신
사용하는 것도 추천합니다.

⏱ Time 10 min.

🥗 재료 (2인분)
콜리플라워 300g

A
플레인 요거트 (무설탕, 가볍
게 수분을 제거한 것) 2큰술
※ 수분을 완전히 제거하는 것보
다는 요거트 위에 남아있는 유
청을 제거하는 정도면 된다.

소금 ½작은술
간 마늘 약간
규민 씨드 약간

[상비 재료] 소금
[1인분 50kcal]

1
콜리플라워는 한 송이씩 뜯어준 후 내열성 믹싱
볼에 넣어 소금 ½작은술과 버무린다. 그 후 여유
있게 랩을 씌워 약 4분간 전자레인지(600W)에 돌
린다.

2
물기를 제거하고 **A**를 넣어 고루 섞어준다.

index

index

와카야마 요코

요리, 베이킹 연구가. 도쿄 외국어 대학 프랑스어 학과를 졸업한 후 파리로 유학을 떠났다. 르 꼬르동 블뢰 파리, 에꼴 페랑디를 거쳐 프랑스 국가 조리사 자격(C.A.P)을 취득했다. 파리의 파티세리와 레스토랑에서 경력을 쌓은 뒤 일본으로 귀국해 책이나 잡지, TV, 카페, 기업의 레시피 개발, 요리 교실 주최 등 폭넓게 활약하고 있다. 기본을 바탕에 두면서 자유로운 발상으로 식자재를 조합하는 센스 넘치고 맛있는 레시피로 인기를 얻고 있다.

촬영 후쿠오 미유키
스타일링 사사키 카나코
아트 디렉션 · 디자인 토오야 료이치(Armchair Travel)
조리 어시스턴트 호소이 미나미, 스즈키 마요
영양 계산 무나카타 노부코
교정 이마니시 아야코(케이즈 오피스)
문장 구성 오카무라 리에
편집 아오키 유카리(NHK 출판)
편집 협력 마에다 준코, 오쿠보 아유미

역자 이미경
중앙대학교 일어학과를 졸업했으며, 2013년부터 삼성
SDI, 삼성디스플레이, 삼성전자 인하우스에서 통·번역
활동을 하고 있다. 출간된 번역 도서로는 하라다 마리
루의 『철학수첩』 등이 있다.

세상 간단한 원볼 샐러드

초판 1쇄 인쇄 2019년 8월 29일
초판 1쇄 발행 2019년 9월 4일

지 은 이 와카야마 요코
옮 긴 이 이미경
펴 낸 이 권기대
펴 낸 곳 베가북스
총괄이사 배혜진
편   집 강하나, 박석현
디 자 인 박숙희
마 케 팅 황명석, 연병선

출판등록 2004년 9월 22일 제2015-000046호
주   소 (07269) 서울특별시 영등포구 양산로3길 9, 201호
주문 및 문의 (02)322-7241 팩스 (02)322-7242

ISBN 979-11-90242-08-0 13590

이 도서의 국립중앙도서관 출판예정도서목록(CIP)은 서지정보유통지원시스템 홈페이지(http://seoji.nl.go.kr)와
국가자료종합목록 구축시스템(http://kolis-net.nl.go.kr)에서 이용하실 수 있습니다. (CIP제어번호 : CIP2019032690)

홈페이지 www.vegabooks.co.kr
블로그 http://blog.naver.com/vegabooks.do
인스타그램 @vegabooks 트위터 @VegaBooksCo 이메일 vegabooks@naver.com

현직
소방관들을
통해 알아보는
리얼 직업
이야기

소방관

FIRE EXIT

FIRE RESCUE

How did they become Fire fighter?

되었을까?

CampusMentor
캠퍼스멘토

"
도움을 주신
아나운서들을
소개합니다
"

오영환 (소방사)
성북소방서 길음119안전센터
구급대원

- 현) 성북소방서 길음119안전센터 구급대
- 서울 119특수구조단 도봉산 산악 구조대
- 서울 광진소방서 119구조대
- 2010년 10월 서울 소방 배명
- 2008년 부산 의무소방 복무

오혜원 (소방사)
구로소방서 공단119안전센터
구급대원

- 현) 구로소방서 공단119안전센터 구급대원
- 현) 가천대학교 보건대학원 응급구조학과
  재학 중
- 2011년 7월 서울 소방 배명

지창민 (소방사)
부천소방서 119구조대 구조대원

- 현) 부천소방서 119구조대
- 2012년 6월 경기 소방 배명

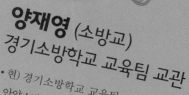

양재영 (소방교)
경기소방학교 교육팀 교관

- 현) 경기소방학교 교육팀
- 안양소방서 119구조대
- 2006년 12월 경기 소방 배명

김지혜 (소방장)
영등포소방서 시민안전교육 담당

- 현) 영등포소방서 홍보교육팀
- 소방방재청 대변인실
- 동작소방서 홍보교육팀, 백운119안전센터
- 소방재난본부 기획예산팀
- 동작소방서 동작119안전센터
- 2009년 1월 서울 소방 배명

이 책의 구성

Chapter 2

소방관의 생생 경험담

Chapter 3

예비 소방관 아카데미

소방관,
어떻게
되었을까
?

소방관이란?

소방관은

화재를 사전에 예방하거나 진압하고 태풍, 홍수, 건물 붕괴,
가스 폭발 등 각종 재난 발생 시 출동하여 인명을 구조하고
재산을 보호하는 사람이다.

소방관은 화재 예방과 진압이라는 전통적인 업무부터 긴급 구조 및 구급 출동
등 국가의 모든 안전사고를 담당하는 것까지 여러 방면으로 영역이 확대되고 있다.

• 출처: 워크넷. 한국직업전망

소방관의 업무

내근
- 사무 요원은 국민안전처(전 소방방재청), 소방 본부 및 소방서 내근 부서에 근무하면서 소방 일반 행정 분야, 구조·구급 행정 분야, 화재 예방 분야의 일을 한다.
- 주요 업무는 일반 행정 업무와 건축 및 다중 이용 업소 인허가 등의 업무, 그 외 각종 건축물에 대한 소방 검사 등의 예방 활동을 한다.

소방관의 업무

외근

화재 진압 요원
- 각종 화재 및 사건 사고 발생 시 신고와 동시에 현장에 출동하여 화재 진압과 인명 구조를 한다.
- 사전에 소방 기구, 호스 등 화재 진압 도구를 정비하고, 소방 시설을 관리하여 용수 공급에 차질이 없도록 한다.

구조 요원
- 화재, 교통사고 등 각종 사고 발생 시 진압 요원과 동시에 출동하여 인명 구조 활동을 한다.

구급 요원
- 위급한 환자의 응급 처치와 병원 이송 등의 활동을 한다.

특수 구조 요원
- 소방항공대는 소방 항공기를 이용하여 인명 구조, 화재 진압, 응급 환자 공중 수송, 공중 방역 및 방제 활동 등의 지원 업무를 수행한다.
- 수난구조대는 강이나 호수에서 발생하는 각종 수난 사고 시 구조 활동을 한다.
- 산악구조대는 산악 사고 현장에서 인명 구조나 구급 활동, 순찰 및 산악 훈련, 산악 표지판 설치 및 관리 등의 업무를 수행한다.
- 특수구조대는 대형 화재, 대테러, 화생방 관련 사고 등 특수 재난 현장에서 인명 구조 및 상황 처리 업무를 수행한다.

소방관의 자격 요건

어떤 특성을 가진 사람들에게 적합할까?

- 소방관은 상황 대처 능력과 신속하게 일을 처리하는 능력이 필요하며, 강한 체력이 있어야 한다.
- 자신보다 남을 귀중히 여기는 투철한 희생정신과 봉사 정신이 필요하다.
- 비상시에 동료와 함께 단합하는 협동심이 요구되고, 소방 차량 및 각종 진화 장비에 대한 철저한 준비와 안전 의식이 요구된다.
- 사회형과 현실형의 흥미를 가진 사람에게 적합하며, 남에 대한 배려, 협조심, 리더십 등의 성격을 가진 사람들에게 유리하다.

• 출처: 한국직업능력개발원 직업 사전

소방관과 관련된 특성

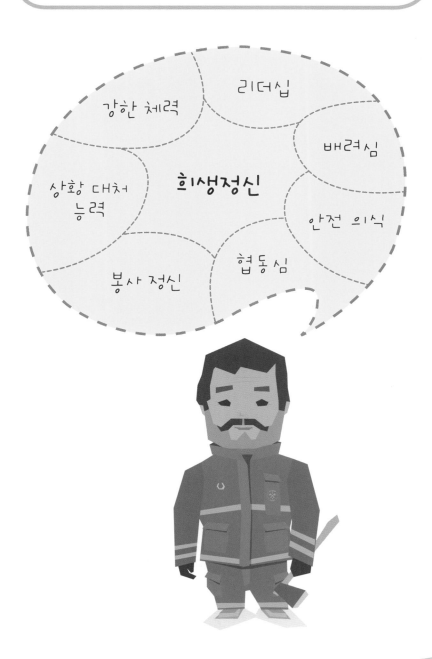

리더십

강한 체력

배려심

상황 대처 능력

희생정신

안전 의식

봉사 정신

협동심

봉사심이 필수입니다.

톡(Talk)!
오영환

때로는 현장에서 구조 활동 중인 소방관들을 방해하거나 위협하는 사람들도 있습니다. 이런 여건 속에서도 소방관들은 그런 이들조차도 내가 보호해야 하는 국민이고, 누군가의 소중한 가족이라는 생각을 가지고 도와야 합니다. 그래서 소방관에게는 다양한 악조건 속에서도 긍정적인 생각할 수 있는 마음도 필요합니다.

사명감이 있어야 해요.

톡(Talk)!
오혜원

많은 시민들을 상대할 상황이 많기 때문에 내성적인 사람들은 힘들어 할 수 있어요. 구급대원이라면 응급 처치 실력과 환자를 대하는 마인드는 기본이고, 사건, 사고 현장에서 어마무시한 상황이 많기 때문에 무엇보다 비위가 좋아야 할 것 같아요. 단순히 봉사 정신만으로는 해결이 안 되는 경우도 생기거든요. 시민들을 안전하게 지키겠다는 사명감도 필요한 것 같아요.

배려심이 있어야 해요.

　기본적으로 소방관을 꿈꾼다면, 잘못된 것을 보고도 그냥 지나치는 사람보다는 잘못된 것을 바로잡으려는 사람이었으면 좋겠어요. 주변에 어려운 사람들이 있으면 손 한 번 내밀 수 있는 사람이요. 저희들이 사고 현장에 도착하기 전에, 그저 모른 채 지나치거나 구경만 하는 사람들보다는 한 번 관심을 보일 수 있는 사람들, 꼭 다친 사람이 아니더라도 어려운 사람들에게 관심을 갖는 사람들이 소방관이 되는 것이 맞다 생각합니다.

팀워크가 중요해요.

　팀워크요. 소방관의 업무가 혼자 하는 것이 아니라 하나의 소대가 한 팀이 되어서 하는 일이거든요. 또한 팀의 일원이 되어 완벽한 팀을 이루려면 일단 건강해야 하니까 스스로 건강을 잘 챙길 수 있어야 합니다. 당연히 좋은 구조 기술도 잘 익혀야 하고요.

톡(Talk)!
김지혜

상황 대처 능력이 필요해요.

　　상황 판단이 빠른 사람에게 적합해요. 신고를 받고 출동할 때 신고자의 제보 내용을 토대로 상황을 판단지만, 막상 현장에 도착하면 더 복잡한 상황일 때가 많아요. 처음엔 무엇부터 해야 할지 가늠이 안될 때가 있었어요. 이때, 사고자와 주변 사람들의 안전을 위해 빠른 시간 내에 문제 해결점을 찾도록 상황 판단을 해야 합니다.

내가 생각하고 있는 소방관의
자격 요건을 적어 보세요~

소방관이 되는 길

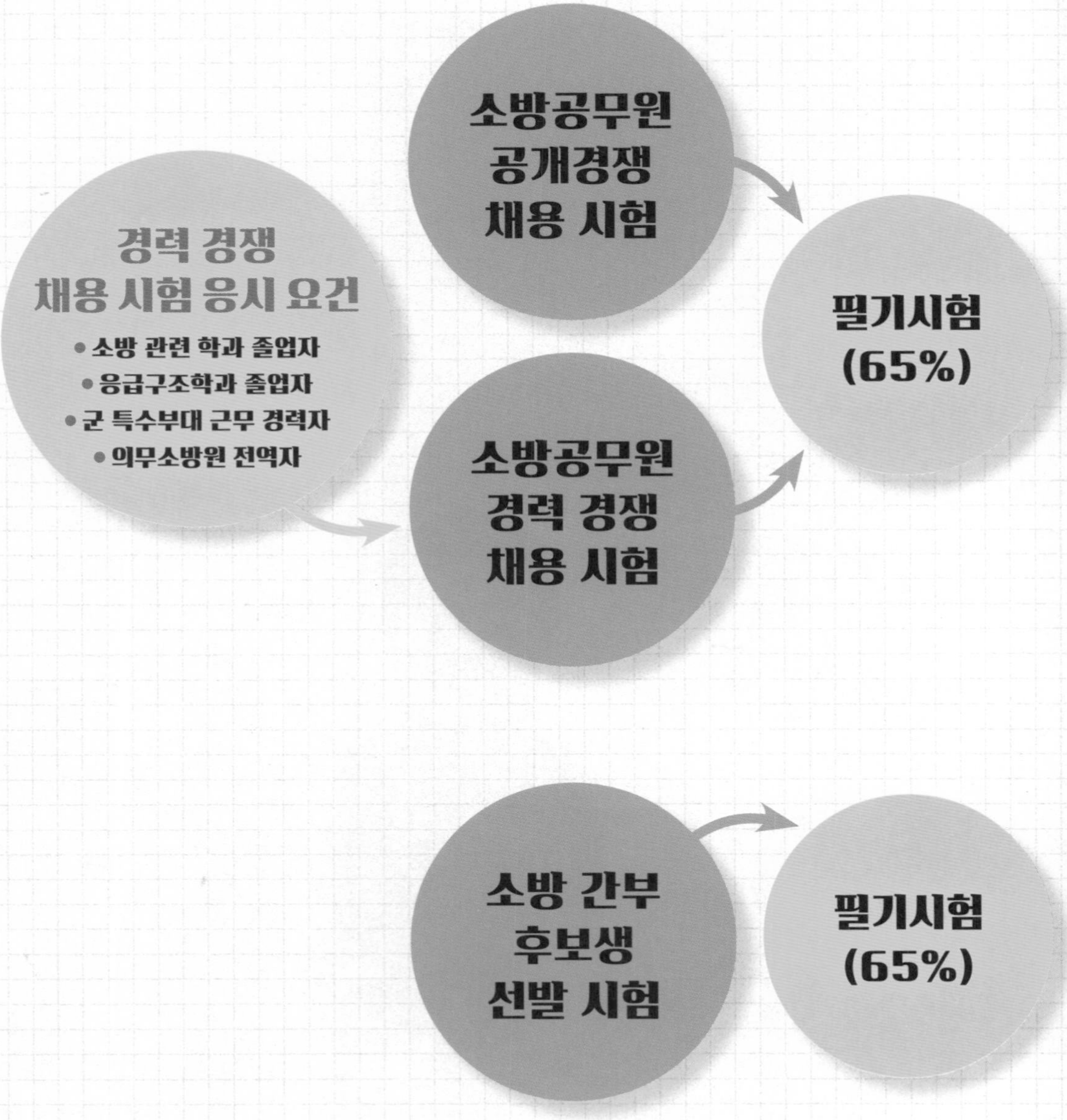

소방공무원 공개경쟁 채용 시험

경력 경쟁 채용 시험 응시 요건
- 소방 관련 학과 졸업자
- 응급구조학과 졸업자
- 군 특수부대 근무 경력자
- 의무소방원 전역자

소방공무원 경력 경쟁 채용 시험

필기시험 (65%)

소방 간부 후보생 선발 시험

필기시험 (65%)

※ 소방 공무원의 승진 체계는?
소방관은 공무원 인사 규정에 따라 승진하고, 승진 체계는 '소방사 → 소방교 → 소방장 → 소방위 → 소방경 → 소방령 → 소방정 → 소방준감 → 소방감 → 소방정감 → 소방총감' 순이다.

체력 시험
(25%)

신체검사
및
적성 시험

면접시험
(10%)

지방소방사
※ 소방공무원 9급

체력 시험
(25%)

신체검사
및
적성 시험

면접시험
(10%)

지방소방위
※ 소방공무원 6급으로
임관하며 119안전센터장,
119 구조 대장으로
근무하게 된다.

필기시험

- 필기시험은 직무 수행에 필요한 지식과 응용 능력을 검정하는 것이 목적으로, 배점 비율은 전체의 65%에 해당한다.
- 매 과목 40% 이상, 전 과목 총점의 60% 이상 득점한 자 중에서 선발 예정 인원의 3배수 범위 내에서 결정한다.

	필수 과목	선택 과목	비고
공개 경쟁 채용 시험	국어, 한국사, 영어 (3과목)	소방학개론, 행정법총론, 소방관계법규, 사회, 과학, 수학(중 2과목)	
경력 경쟁 채용 시험	국어, 영어, 소방학 개론(3과목) ※ 단, 소방 관련 학 과 졸업자: 국어, 소방학개론, 소방 관계 법규		• 2년제 이상 대학의 소방 관련 학과 졸업자 • 응급구조학과를 졸업하고, 응급구조사 1급 자격증 소지자 • 군 특수부대 근무 경력이 3년 이상인 자 • 의무소방원 전역 또는 면접시험일 기준 6개 월 이내 전역 예정자
소방 간부 후보생 시험	한국사, 헌법, 소방 학개론(3과목)	행정법, 행정학, 민법총칙, 형법, 형사소송법, 경제학, 자연과학개론, 화학개론, 물리학개론, 기계학개론, 전기공학개론, 정보통신공 학개론, 건축공학개론, 전 자공학개론(중 2과목)	※ 영어 능력 기준 점수 미달자는 응시 자격 없 으며, 토익, 토플 등을 인증 시험으로 대체

생생 용어 Tip

- **의무소방원이란:** 의무경찰 제도와 같이 대체 군 복무 제도의 하나이다. 의무소방원이 되기 위해서는 체력 측정, 필기시험, 면접시험을 통과해야 하며, 복무 기간은 23개월이다. 의무소방원으로 전역하게 되면 소방공무원 경력 경쟁 채용 시험에 응시할 자격이 주어지므로 소방공무원을 희망하는 사람들에게는 기회가 될 수 있다.

- **의무소방원 선발 시험:** 의무소방원에 지원하면, 1~3차의 시험을 거쳐야 한다. 1차는 체력 측정으로 제자리멀리뛰기, 윗몸일으키기, 50m달리기, 1,200m달리기 등으로 평가하며, 2차는 국어, 국사, 일반상식(소방상식 포함)으로 필기시험을 친다. 3차는 면접시험으로 직무를 수행하는 데 적격성을 검증한다.

- **소방간부후보생:** 급변하는 기술과 행정 환경에 앞서가며 지식 정보화 사회에 대응할 수 있는 젊은 인재의 필요성이 대두됨에 따라 기본 소양과 전문 지식 및 지휘 통솔력을 겸비한 초급 간부를 양성하기 위하여 소방간부후보생을 선발한다. 시험에 합격하면 1년간의 합숙 교육을 이수하면서 각종 소양 과목, 실무 공통 과목, 전공과목, 화재 진압 훈련, 일반 구조, 산악·수난 구조 훈련, 응급 처치, 분기별 체력 측정, 동아리 활동, 생활 체육, 현장 실습, 사업 시찰, 등 다양한 이론과 실무에 관한 학습과 문화를 익히면서 초급 간부로 성장시켜 교육을 마친 후에는 6급 소방위로 임명된다.

오혜원
톡
(Talk)!

응급구조학과에 진학해서 대학교 4학년이 되는 해에 응급구조사 1급 국가자격시험에 합격했어요. 자격증을 따고 나면 진로를 선택해야 하는데, 저는 소방을 선택해서 소방공무원 시험을 봤습니다. 시험은 필기와 실기로 나뉘는데, 그 당시 경력 경쟁 채용 필기시험의 경우 국어, 한국사, 소방관계법규 3과목을 보았습니다.(현재는 국어, 영어, 소방학개론으로 변경됨.) 1차 필기에 합격을 하면 2차 실기, 즉 체력 시험을 봅니다. 필기 합격자의 경우 성적이 엇비슷하기 때문에 실기 1~2점의 간발의 점수 차로 당락이 갈리기도 합니다.

1차 필기시험은 한 과목당 20문제로 총 3과목 60문제이며, 60분의 시간이 주어집니다. 길면 길고, 짧으면 짧은 시간이기에 어느 정도 기초 지식이 쌓인 후에는 시간을 배분하여 빠르고 정확하게 문제 푸는 연습을 많이 했어요. 식상한 이야기일 수도 있지만 여타 시험과 마찬가지로 문제를 많이 접해 보는 것이 좋고, 법과 관련해서는 옥의 티를 찾아내는 문제가 많으니 꼼꼼하게 공부해야 해요.

체력 시험

- 체력 시험은 직무 수행에 필요한 운동 능력을 검정하는 것이 목적으로, 배점 비율은 전체의 25%에 해당한다.
- 공개 경쟁 채용, 경력 경쟁 채용, 소방간부후보생 선발 시험 모두 6종목(악력, 배근력, 앉아윗몸앞으로굽히기, 제자리멀리뛰기, 윗몸일으키기, 왕복오래달리기)으로 평가한다.
- 총점 60점 만점 중 30점 이상 득점자로 결정한다.

소방공무원 채용 체력 시험 기준

종목	성별	평가 점수									
		1	2	3	4	5	6	7	8	9	10
악력 (kg)	남	45.3~48.0	48.1~50.0	50.1~51.5	51.6~52.8	52.9~54.1	54.2~55.4	55.5~56.7	56.8~58.0	58.1~59.9	60.0 이상
	여	27.6~〉28	29.0~30.2	30.3~31.1	31.2~31.9	32.0~32.9	33.0~33.7	33.8~34.6	34.7~35.7	35.8~36.9	37.0 이상
배근력 (kg)	남	147~153	154~158	159~165	166~169	170~173	174~178	179~185	186~194	195~205	206 이상
	여	85~91	92~95	96~98	99~101	102~104	105~107	108~110	111~114	115~120	121 이상
앉아윗몸앞으로굽히기 (cm)	남	16.1~17.3	17.4~18.3	18.4~19.8	19.9~20.6	20.7~21.6	21.7~22.4	22.5~23.2	23.3~24.2	24.3~25.7	25.8 이상
	여	19.5~20.6	20.7~21.6	21.7~22.6	22.7~23.4	23.5~24.8	24.9~25.4	25.5~26.1	26.2~26.7	26.8~27.9	28.0 이상
제자리멀리뛰기 (cm)	남	223~231	232~236	237~239	240~242	243~245	246~249	250~254	255~257	258~262	263 이상
	여	160~164	165~168	169~172	173~176	177~180	181~184	185~188	189~193	194~198	199 이상
윗몸일으키기 (회/분)	남	43	44	45	46	47	48	49	50	51	52 이상
	여	33	34	35	36	37	38	39	40	41	42 이상
왕복오래달리기 (회)	남	57~59	60~61	62~63	64~67	68~71	72~74	75	76	77	78 이상
	여	28	29~30	31	32~33	34~36	37~39	40	41	42	43 이상

신체검사 및 적성 검사

- 직무 수행에 필요한 신체 조건 및 건강 상태를 검정하는 것을 목적으로 한다.

소방공무원 채용 시험 신체 조건표

부분별 \ 구분	남자 (여자)
체격	체격이 강건하고 팔다리가 완전하며, 가슴·배·입·구강·내장의 질환이 없어야 한다.
흉위	신장의 2분의 1이상이어야 한다.
시력	두 눈의 나안 시력이 각각 0.3이상이어야 한다.
색신	색각 이상(색맹 또는 적색약)이 아니어야 한다.
청력	청력이 완전하여야 한다.
혈압	고혈압(수축기 혈압이 145mmHg을 초과하거나 확장기 혈압이 90mmHg을 초과하는 것) 또는 저혈압(수축기 혈압이 90mmHg미만이거나 확장기 혈압이 60mmHg미만인 것)이 아니어야 한다.
운동신경	운동 신경이 발달하고 신경 및 신체에 각종 질환의 후유증으로 인한 기능 장애가 없어야 한다.

 면접시험

- 직무 수행에 필요한 능력, 발전성 및 적격성을 검정하는 것이 목적이다.
- 면접 평가 요소별 심사 위원의 점수를 합산하여 총점의 50% 이상 득점자 중에서 결정한다.

오혜원
톡
(Talk)!

　2차 체력 시험을 준비할 때에는 본인의 운동신경이 뛰어나다고 할지라도 미리 체육 학원을 이용해 기초 체력 테스트를 받아 보는 것이 좋다고 생각해요. 운동신경이 좋다고 체력 시험을 만만하게 보다가 후에 매우 힘들게 준비하는 사례를 많이 봤거든요. 체육 학원을 다니지 않고 스스로 준비할 수 있다면 더할 나위 없이 좋겠지만, 학원을 이용해야 한다면 요령이 필요한 종목이 있기 때문에 자신에게 맞는 학원을 찾는 것도 좋은 방법이라고 생각합니다.

　3차 신체검사는 본인이 지원한 지역 소방이 지정해 주는 병원에서 현직 소방 공무원들의 감독 하에 진행됩니다. 신체검사 역시 합격 조건들을 미리 확인하되, 특히 조절이 가능한 시력, 혈압 등을 주의 깊게 살피길 바랍니다. 시력은 렌즈를 착용하지 않은 상태의 시력이기 때문에 라식 등의 수술을 고려할 수도 있습니다. 대부분 신체 건강한 사람들이 지원하는 소방공무원 시험이라 신체검사를 쉽게 생각하는 사람도 있지만, 생각보다 신체검사에서 조건 미달로 불합격하는 사람들도 많답니다.

　저 같은 경우, 4차 면접시험 때 분위기는 화기애애했던 것으로 기억합니다. 편하게 대해 주신 면접관들 덕분에 떨지 않고 웃으며 치를 수 있었습니다. 그때 면접관의 "들어와서 봐요~"라는 마지막 말 한마디에 한 달 여의 시간을 바이킹 타는 기분으로 마음 졸이며 지냈던 기억이 있네요.

　면접시험은 지역마다 다르지만 서울 같은 경우, 수험생과 면접관이 1:3으로 하며 소방에 관한 기초 지식, 기본 상식, 개인적 에피소드 및 넌센스 등 다양한 질문을 합니다. 제 개인적인 생각으로는 광범위한 출제 범위에 위축되지 말고, 최근 기출 질문들을 소신껏 준비하되, 내가 왜 꼭 소방공무원이 되어야 하는지를 강하게 어필하는 것이 면접관들의 마음을 움직이게 하는 가장 중요한 요소가 아닐까 싶습니다.

소방관이란 직업의 좋은 점·힘든 점

톡(Talk)!
오영환
소방관

| 좋은 점 |

생명을 지킬 수 있다는 자부심과 보람이 있어요.

그 어떤 직업보다도 격렬한 신체 활동이 많은 화재 진압, 구조, 구급 등의 활동을 하다 보면 지칠 때도 많지만 비할 바 없는 최우선의 가치인 생명을 지켜 낸다는 자부심과 보람을 매일같이 느낄 수 있다는 것, 그 하나만으로도 저에겐 가장 잘 맞는 일인 것 같습니다.

톡(Talk)!
오혜원
소방관

| 좋은 점 |

자부심을 느낄 수 있는 일이라 좋아요.

항상 자부심을 갖고 있지만, 새삼스럽게 느낄 때가 있어요. 길을 걷던 중 우연히 사이렌을 울리며 지나가는 소방차들을 볼 때나, TV에서 소방관들이 위험을 무릅쓰고 활약하는 모습들이 나올 때, 악플이 난무하는 인터넷 뉴스에서 소방관들에 대한 칭찬 댓글이 가득할 때 등등.. 아이들의 장래희망 1순위가 소방관인 미국만큼은 아니더라도 '항상 고생한다. 감사하다.'고 말씀해 주시는 시민들 덕분에 소방관들이 자부심을 갖고 생활할 수 있는 것 같아요.

| 좋은 점 |

사명감을 느끼며, 국민들에게 신뢰감을 얻을 수 있어요.

장점으로는 국민들에게 직접적인 도움을 주고 있다는 자긍심이 있습니다. 누구나 인명을 구조할 수 있는 것이 아니기 때문에 저희만 할 수 있는 고유의 영역이라는 사명감을 느끼고, 국민들을 위험으로부터 지켜 준다는 신뢰감을 줄 수 있죠.

| 좋은 점 |

건강을 유지하는 데 도움이 돼요.

조금 의아한 이야기죠? 저희 소방관들이 다른 사람의 안전과 건강을 지키기 위해 우리 건강을 챙겨야 합니다. 우리의 정신과 육체가 건강해야 어려운 환경에 처한 사람들을 배려하고, 그들을 위험 상황으로부터 신속하게 구조할 수 있기 때문이죠. 그래서 우리의 건강을 위해 꾸준히 운동을 하며 체력을 기릅니다.

톡(Talk)!
김지혜
소방관

| 좋은 점 |

교대 근무로 인한 장점도 있어요.

교대 근무에 대한 힘든 점이 있다면, 좋은 점도 있어요. 일반 직장인들은 주중에는 일을 하고 주말에 쉬면서 틈을 내어 자기 계발을 하잖아요. 저희들은 평일에도 쉴 수 있어서 시간을 활용할 수 있고, 복잡한 주말이 아닌 평일에 여유롭게 여행을 다니거나 취미 생활을 즐길 수 있죠. 또 친구들이 근무하는 평일에는 약속을 쉽게 잡을 수 없으니 본의 아니게 혼자만의 시간도 즐길 수 있어요.

톡(Talk)!
오영환
소방관

| 힘든 점 |

불규칙한 교대 근무로 힘들 때가 있어요.

아무래도 불규칙한 교대 근무가 건강에 영향을 미쳐요. 또, 퇴근하고 항상 잠부터 자게 되니까 낮에 가정을 챙겨야 할 일에도 영향을 미치죠. 주어진 시간 안에서 휴식을 취하고 건강을 챙기면서, 개인적인 삶 또한 영위해야 한다는 것이 가장 어려운 점이죠. 사실 소방관으로 살아간다는 것이 어렵다고 생각하지는 않아요. 조금 어려운 점이 있어도, 제가 가장 좋아하는 일을 하며 살아갈 수 있다는 것이 커다란 장점이니까요.

톡(Talk)!
오혜원
소방관

| 힘든 점 |

사소한 일로 신고를 해서 출동하는 경우가 많아요.

사소한 일로 신고를 해서 출동하는 경우도 많죠. 예를 들면, 애완견을 마치 사람처럼 신고하는 사람도 있고, 구급차를 본인의 편의를 위해 교통수단으로 이용하려고 신고하는 사람들도 있어요.

일단 신고가 들어오면 해결해 드리는 편입니다. 그렇지만 이런 분들로 인해 정말 위급한 환자들이 1분 1초의 사투를 겪어야 하는 경우가 발생합니다. 그런 부분들을 꼭 생각하셨으면 좋겠어요.

톡(Talk)!
지창민
소방관

| 힘든 점 |

늘 긴장하고 살아야 해요.

출동 벨이 울리면 자다가도 일어나서 현장으로 출동하는데, 그게 오인 신고거나 장난 전화이면 긴장이 풀리면서 허무해져요. 큰 사고가 그리 많진 않지만 우리는 그 한 번을 위해 존재하는 사람입니다. 그러고 보면 소방관이라는 직업이 참으로 아이러니한 직업인 것 같아요. 소방관이 필요 없는 세상을 만들기 위해 노력하는 사람들이죠.

| 힘든 점 |

제복을 입다 보니, 활동이 자유롭지 못해요.

저희는 제복을 입고 근무를 해요. 그러니 말을 하지 않아도 제가 소방관이라는 걸 알게 되고요. 제복을 입고 있는 날에는 제 행동 하나 하나에 신경이 쓰이더라고요. 저 한 사람의 잘못된 행동 때문에 선배들과 동료에게 폐를 끼치면 안 되잖아요. 사람들 시선이 있기 때문에 품위 유지가 필요하죠.

| 힘든 점 |

처참한 사고 현장을 보게 되면 정신적인 피로가 쌓여요.

일반 사람들은 잘 볼 수 없는 처참한 사고와 사건들을 접할 기회가 많아요. 그런 일들이 반복되다 보면 은연중에 정신적인 피로가 쌓이더라고요. 어느 정도 경력이 쌓이다 보니 무뎌지기도 하지만 정신적 피로를 해소하는 방법도 터득하게 되더라고요. 저는 주로 운동을 하거나 맛있는 음식점을 찾아가서 몸에 좋은 음식을 먹으면서 쌓였던 피로를 풀어요. 요즘은 테니스를 배우고 있는데, 새로운 운동을 배우는 것도 스트레스를 없애는 좋은 방법인 거 같아요.

어느 소방관의 기도

신이시여, 제가 부름을 받을 때에는
아무리 강렬한 화염 속에서도
한 생명을 구할 수 있는 힘을 주소서.

너무 늦기 전에
어린아이를 감싸 안을 수 있게 하시고
공포에 떠는 노인을 구하게 하소서.

신이시여, 사이렌이 울리고 소방차가 출동할 때
연기가 진하고 공기가 희박할 때
고귀한 생명의 생사를 알 수 없을 때
내가 준비되게 하소서.

신이시여, 저는 부족한 인간입니다.
지옥 같은 불 속으로 달려들지만
여전히 두렵고 비가 오기를 기도합니다.

하지만 신이시여,
내 차례가 되었을 때를 준비하게 하시고
두려워하지 않고 강하게 하소서.

나의 업무를 충실히 수행하고 최선을 다할 수 있게 하시어
나에게 주어진 이웃의 생명과 재산을
보호하고 지키게 하소서.

신이시여,
만약 신의 뜻에 따라 저를 일찍 거두어 가신다면
저의 아내와 아이들을 돌보아 주소서.

시원한 물가로 나를 눕혀 주소서
내 아픈 몸이 쉬도록 눕혀 주소서
그리고 내 형제에게 이 말을 전해 주소서
화재는 완전히 진압되었다고

소방관 종사 현황

성별

여자 5%

남자 95%

연령

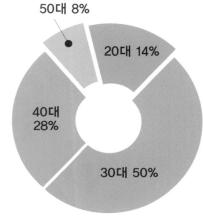

50대 8%

20대 14%

40대 28%

30대 50%

학력 분포

고졸이하	32 %
전문대졸	25 %
대졸	42 %
대학원졸	1 %

임금 수준 (단위: 만 원)

중위(50%)
3,000

상위(25%)
5,000

하위(25%)
3,000

출처: 한국직업정보 재직자 조사

FIRE EXIT

FIRE ALARM

CHAPTER
| 2 |

소방관의

생생
경험담

고등학생 시절 다양한 아르바이트를 경험하며 '입시'보다 '직업'에 관심을 갖던 중 불타는 화재 현장을 비추는 뉴스에서 울부짖는 시민들을 보며 부모님의 모습을 떠올리고, 현장의 최전선에서 소중한 모든 것들을 지켜내려 고군분투하는 소방관들의 모습을 바라보며 비로소 꿈을 갖기 시작했다.

　　2008년 의무소방원 입대를 기점으로 소방서 생활을 시작하고, 그 해 여름 해수욕장 119수상구조대에서 바다로 떠내려간 여자아이의 손을 잡았던 첫 번째 인명 구조 이후 구조대원이 되기로 결심했다.

　　2010년 전역 직후 서울소방공무원으로 임용되어 4년간 광진소방서 119구조대, 119특수구조단 도봉산 산악 구조대에서 구조대원으로서 수많은 인명 구조 현장을 경험하며, 보다 전문적인 현장 응급 처치의 중요성을 인식한 이후 현재(2015년 2월) 성북소방서 119구급대에 발령받아 또다시 새로운 꿈을 그려가고 있다.

- -

성북소방서 길음119안전센터 구급대원
오영환 반장

- 현) 성북소방서 길음119안전센터 구급대
- 2012년 서울시립대 소방방재학과 입학
- 서울 119특수구조단 도봉산 산악 구조대
- 서울 광진소방서 119구조대
- 2010년 10월 서울 소방 배명
- 2008년 부산 의무소방 복무

소방관의 스케줄

오영환
성북소방서
구급대원의
하루

21:30 ~ 23:30
▸ 가족과의 시간, 휴식
23:30 ~ 06:00
▸ 수면

06:00 ~ 08:30
▸ 출근 준비 및 아침 식사

08:30 ~ 09:00
▸ 출근 및 교대 근무
  인수인계
09:00 ~ 10:00
▸ 아침 조회, 출동 개시
  준비(응급 물품,
    무전 장비 등 점검)

18:00 ~ 20:00
▸ 퇴근 및 저녁 식사
20:00 ~ 21:30
▸ 운동

13:00 ~ 15:00
▸ 구급 현장 출동
15:00 ~ 18:00
▸ 현장 출동 관련 구급 일지
  작성 등

10:00 ~ 12:00
▸ 행정 업무 및 구급 출동 대기
12:00 ~ 13:00
▸ 점심 식사

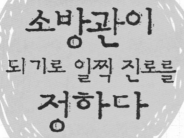

소방관이
되기로 일찍 진로를
정하다

▶ 중학교 졸업식 때 친구들과 함께

▶ 일식당에서 아르바이트하며 한 컷

▶ 고등학교 3학년 때 가장 친한 친구와 함께

▶ 소방 시설 점검 공사 업체 아르바이트 당시 모습

Question 학창 시절에는 어떤 학생이었나요?

어디서나 볼 수 있는 평범한 학생이었습니다. 공부도 운동도 특별히 잘하지 못했고, 남들에 비해 딱히 잘하는 것도, 잘하고 싶은 것도 없는 학생이었어요. 친구들과 조금 다른 면이 있었다면, 집안 형편을 이유로 고등학교 1학년부터 시작했던 다양한 아르바이트(일식당 주방 보조, 식당 서빙, 피자 배달, 식품 유통, 패스트푸드 서빙 등)를 경험하면서 '입시'보다 '진로', 즉 내가 어떤 일을 잘할 수 있을까-라는 고민을 자연스럽게 시작할 수 있었던 것 같아요.

책상 앞에 앉아 공부 열심히 해서 좋은 대학을 졸업하고, 높은 연봉의 자리에 가게 되더라도 나의 성향과는 맞지 않는 일일 수도 있습니다. 남들에 비해 이른 시기에 시작했던 간접적인 사회 경험들로 인해 진로에 대해 고민하는 시간을 줄일 수 있었던 것 같아요. 또한, 현재 구조 활동을 하며 시민들에게 친절하게 응대할 수 있는 것도 많은 아르바이트 현장에서 손님들을 대하던 경험 덕분이었던 것 같고요.

Question 어떤 성격이고, 어떤 분야에 흥미가 있었나요?

사실 저는 굉장히 내성적이고, 소극적인 성격이었습니다. 소수의 몇 명 앞에서조차 말을 제대로 못할 정도로 자신감이 없었어요. 정확히 말하자면 흥미 있는 것도, 잘하는 것도, 잘하고 싶은 것도 없었습니다. 매년 학년 초가 되면 작성하는 자기 소개서의 취미와 특기 란을 채워 넣는 게 가장 곤혹스러웠을 정도니까요.

그렇게 한없이 소심했던 고등학생이, 대한민국 국민을 지키는 소방관이 되어 많은 사람들 앞에 당당하게 나서겠다고 결심한 그 순간이 제 학창 시절의 가장 큰 에피소드인 거죠.

가장 기억에 남는 아르바이트는 무엇인가요?

일식집 주방, 식당 서빙, 유제품 대리점 영업, 패스트푸드점 등 다양한 아르바이트들을 해 보았습니다. 그 중 가장 기억에 남는 것은 대학교를 그만두고 의무소방원으로 입대하기 전까지 근무했던 소방 시설 점검 업체예요. 그곳은 주위에서 흔히 볼 수 있는 크고 작은 빌딩부터 공항, 지하철 역사, 백화점, 철도 기지, 냉동 창고 등 다양한 건축물의 내부에 설치되어 있는 소방 시설의 작동 상태를 점검하고 보수하는 업체였는데요. 평소 소방관을 꿈꾸던 저에게는 그 업체에서 일했던 경험이 큰 도움이 되었어요. 각종 소방 시설의 작동 원리에 대해 공부할 수 있었던 것은 물론이고, 민간 회사에서 위탁받아 운영하는 부분이었던 만큼 소방 분야에 시야를 넓힐 수 있었던 좋은 기회였습니다.

부모님께서는 진로 선택에 어떤 도움을 주셨나요?

어려운 환경 속에서도 가정을 화목하게 지켜 주시고, 웃는 얼굴을 몸소 보여 주셨던 부모님의 모습이 긍정적인 저의 모습을 만든 거 같아요. 그런 가정 분위기 속에서 부모님과 소통이 활발했기에 가정 형편에 대해 자연스럽게 이해할 수 있었고, 부모님이 학교생활에 큰 관심을 기울여 주지 못해도 항상 중상위권 정도의 성적을 유지할 수 있었어요. 대학을 자퇴하겠다고 말씀드렸을 때는 걱정도 많이 하셨지만, 아르바이트를 하는 등 독립적인 모습을 보여드렸기에 저의 선택을 존중하고 지지해 주셨고, 저의 꿈에 대한 확신과 뚜렷한 계획을 보여드렸기에 안심하실 수 있었던 것 같아요. 대화와 소통이 많았던 만큼 배려심이 많아지고, 독립심이 강해질 수 있었다고 할까요.

Question **소방관이 되기 위해 대학교를 자퇴했다고요?**

고등학생 시절 막연하게 소방관을 꿈꿨지만, 정작 소방관이 공무원이라는 사실을 몰랐습니다. 그땐 어렸고, 준비도 안 되었던 거죠. 무작정 대학에 입학을 하고 보니, 소방공무원 응시 자격으로 대학 졸업이 필수가 아니라는 것을 알았습니다. 곧바로 자퇴를 결심했죠. 물론 소방 관련 학과나 응급구조학과 등을 졸업하면 경력 경쟁 채용 전형에 지원할 수도 있지만 저는 의무소방으로 입대하여 조금이라도 일찍 소방관이 되는 것을 목표로 삼았습니다.

진학은 인제대학교 나노공학과 06학번으로 입학했습니다. 당시 관련 학과 중에서는 앞서 있었고, 교수님들의 자부심도 대단했습니다. 제가 자퇴를 결심했을 때, 담당 교수님께서는 "말단 공무원 같은 소방관이 되려고 하나?" 면서 자퇴서를 눈앞에서 찢어버렸어요. 하지만 흔들리지 않고 다시 찾아가니 결국 자퇴서에 도장을 찍어주셨고요. 지금 이 순간까지 그때 제 선택을 한 번도 후회한 적이 없었습니다.

Question **의무소방에 지원했던 이유와 목표가 있었나요?**

학창 시절부터 소방관이 꿈이었기에 군 전환 복무 중 의무소방이라는 조직이 있다는 걸 알았을 때 저의 길이구나 싶었어요. 대한민국의 심신이 건강한 남성이라면 누구나 다 해야 하는 신성한 국방의 의무를 저의 꿈인 소방서에서 보낼 수 있다는 것이 영광스럽게 느꼈을 정도니까요. 하하.

의무소방대에
지원해
꿈을 키우다

▶ 의무소방대에 입대할 당시 모습

▶ 천사의 집으로 봉사활동 가서 아이들과 함께

▶ 의무소방 시절 해운대 해수욕장 119수상구조대 자원봉사
친구들과 함께

의무소방원은 주로 어떤 일을 하나요?

의무소방은 부족한 소방의 현장 활동 인력을 전환 대체 복무로써 확충하기 위한 제도예요. 화재 진압, 구조, 구급 등의 현장 업무에 소방대의 보조적인 역할로서 투입되는 것이 주 목적이지만, 소방공무원이 지방직 공무원인 만큼 각 지역별로 의무소방대를 운영하는 데에는 차이점이 있었어요. 현재 의무소방은 서울에는 배치되지 않고, 소방 인력이 절대적으로 부족한 지역의 시·도 소방의 현장 업무에만 투입되는 것으로 알고 있어요.

저는 부산 해운대 소방서의 119수상구조대와 119안전센터의 구급대에서 현장 보조로 있다가 전역 직전에는 부산소방본부의 행정 업무 부서에 배치되었어요. 제가 근무할 당시에는 의무소방원들이 행정 보조 업무를 담당하는 경우도 많았습니다.

의무소방 시절 기억에 남는 사건, 사고가 있나요?

의무소방원으로서 첫 번째 근무지로 해운대 해수욕장 119수상구조대에 배치되었을 때 평생 잊을 수 없을 만큼 강렬한 경험을 했어요. 119수상구조대는 여름철 바다를 찾는 수많은 피서객들의 안전을 위해 해수욕장 개장 기간에만 운영되었는데요. 어느 날, 파도가 너무 높아 사람들이 바다로 들어가지 못하게 통제를 했었어요. 하필 그때가 전국에서 사람들이 가장 많이 몰려든 성수기라 수상구조대 뿐만 아니라 구청에도 민원이 많이 들어와 결국 무릎 깊이까지만 입수할 수 있도록 조치를 했었거든요. 그때 인명 구조용 수상 오토바이가 몇 번이나 뒤집어질 정도로 파도가 높아 모든 구조대원들이 해변에서 비상근무를 섰고, 저는 베테랑 고참과 함께 수상 오토바이를 타고 있었는데, 긴급하게 무전이 와서 지시한 곳으로 달려갔더니 해변에서 한참 멀리 떠내려간 여자아이가 가라앉기 직전의 상황이었어요. 보자마자 입수를 하여 간신히 여자아이의 손을 끌어올려 구조 튜브에 묶어 해변으로 구조했어요. 그때 아이의 조그마한 손이 강렬한 힘으로 제 손을 붙잡던 그 느낌. 저의 첫 번째 인명 구조의 순간을 잊을 수가 없어 소방관 중에서도 구조대원이 되고 싶다는 목표를 세우게 되었죠.

Question 소방관이 되기 위해 어떻게 준비했나요?

저는 명확한 꿈과 목표가 있었기에 오랜 시간 조금씩 준비해서 그리 힘들이지 않고 합격할 수 있었어요. 의무소방 생활을 하는 동안에는 공부에 전념할 수 없어 다른 사람들이 6개월이면 볼 수 있는 분량을 2년간 틈틈이 공부했고, 전역 후에 응시한 서울소방 시험에 단번에 합격할 수 있었죠.

채용 시험에는 공개경쟁 채용 시험과 경력 경쟁 채용 시험이 있는데, 저는 의무소방 전역자를 대상으로 하는 경력 경쟁 채용으로 들어왔습니다.

Question 경력 경쟁 채용, 공개경쟁 채용에 따라 하는 일이 달라지나요?

채용 분야에 따라 차이가 있는데, 공개경쟁 채용으로는 소방 분야라고 해서 화재 진압, 운전대원들을 통합하여 선발합니다. 경력 경쟁 채용으로는 주로 구조, 구급대원들을 선발하고요. 구조대원은 특수부대(3년 이상 부사관) 출신들을 대상으로 하고, 구급대원은 1급 응급구조사 자격자를 대상으로 선발합니다.

제가 해당되는 의무소방 전역자 경력 경쟁 채용은 공개경쟁 채용과 같이 소방 분야이고요. 그리고 내부 인사 발령에 따라, 혹은 자격 취득 여부에 따라 소방대원이 구조대원이나 구급대원으로 근무하는 경우도, 그 반대의 경우도 존재합니다. 제가 대표적인 사례라고 볼 수 있겠죠. 소방 분야로 들어왔지만, 4년 동안 구조대원으로 근무하고(인명구조사 2급 취득), 현재는 구급대원(응급구조사 2급 취득)으로 근무 중이니까요.

Question 선발 인원이 적은 경력 경쟁 채용에
지원한 이유는 무엇인가요?

원래는 공개경쟁 채용 시험을 먼저 준비했었는데, 아무래도 의무소방 복무 중 제한된 시간 내에 시험 준비를 해야 하니 시험 과목 수가 적은 경력 경쟁 채용 시험이 수월할 거라 생각하고 선택했습니다.

Question 공개경쟁 채용에 지원하기 위해
어떤 준비를 하였나요?

공개경쟁 채용 시험은 보유 자격증에 따라 가산점이 있어서 저는 대형 운전면허 자격을 취득했어요. 그 외에도 컴퓨터활용능력, 소방 관련 기사 자격증 등을 취득하면 가산점이 붙어요. 저는 중간에 경력 경쟁 채용 시험으로 방향을 바꾸었기에 자격증을 추가로 준비하지는 않았어요.

Question 소방공무원에 시험을 준비하는 데 도움이
될 만한 이야기가 있다면 해 주세요.

필기시험은 얼마나 많은 시간을 들이느냐보다 얼마나 집중하느냐에 달려 있다고 생각합니다. 또, 경쟁률이 높다고 하지만 1명을 선발하더라도 그 1명이 내가 될 수 있다는 자신감이 무엇보다 중요하다고 생각해요.

체력 시험은 난이도가 높아 점수를 세분화하여 난이도를 조정한 것으로 알고 있는데, 그 부분에 저는 회의적인 생각을 갖고 있어요. 다양한 사고 현장에서 인명을 구조하기 위해 격렬한 신체 활동을 수행하는 소방관이 되겠다는 지원자가 체력이 약하다는 것은 가장 기

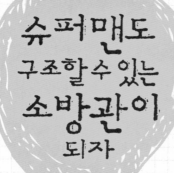

슈퍼맨도
구조할수 있는
소방관이
되자

▶ 2008년 여름 해운대 119수상구조대 망루 근무 당시

▶ 2009년 우동119안전센터 구급대 시절

▶ 2008년 잊을 수 없는 해운대 해수욕장 119수상구조대
기념사진

본적인 준비가 안 된 거라고 생각해요. 체력 시험은 단시간 내에 준비할 수 있는 부분이 아닌 만큼 여유를 가지고 충분히 많은 시간과 노력을 투자해야 합니다.

신체검사는 말 그대로 공무원으로 업무를 수행하기 위해 신체에 부적합한 면은 없는지 기본적인 검사를 진행하는 것이기에 건강한 사람이라면 특별한 문제없이 통과할 수 있는 부분입니다.

면접시험은 대한민국 공무원이 되기 위해 인성과 가치관을 평가하는 시험입니다. 소방관을 목표로 삼은 사람으로서 지원 이유와 포부 등을 가지고 있다면, 그리고 다른 사람에게 인정받을 수 있을 만큼 자신 있게 말할 수 있다면 어려운 시험은 아닐 것입니다.

Question 소방관이 되겠다고 결심한 계기는 무엇이었나요?

앞서 말씀드린 것처럼, '입시'보다 '직업'에 대한 고민이 많던 고등학교 시절 어느 날 등교 준비를 하며 아침 뉴스를 보는데 5층짜리 상가 건물이 거대한 화염에 휩싸인 장면이 나왔어요. 상가 주민들은 화재 통제선 밖에서 불타는 자신들의 삶의 터전을 바라보며 절규하듯 울고 있었죠. 더 나은 내일을 위해 하루하루 열심히 살아가는, 어디서나 볼 수 있는 우리네 부모님들의 우는 모습과 그 작은 희망의 발판이 거대한 화염에 무너지는 순간의 모습은 참혹했어요. 그리고 그때 좌절하는 이들 앞에서 거대한 불길과 맞서 싸우는 소방관들의 용감한 뒷모습을 보았죠. 우리 가장 가까이 있는 영웅의 모습이었어요. 그때 저는 평범한 모든 이들의 소중한 것들이 위험에 처할 때 지켜줄 수 있는 사람이 되고 싶다는 생각을 했습니다. 꿈을 키우기 시작한 거죠.

소방관이 되고 어떤 일을 하였나요?

2010년 10월에 서울 소방에 임용되어 5년째 근무 중입니다. 임용 후 2개월간 서울 소방학교에서 기본 소방사반 합숙 교육 훈련을 마치고, 광진소방서 119구조대로 첫 발령을 받아 2년간 화재 현장 및 교통사고 현장, 추락·붕괴 사고 현장 등 다양한 사고 현장에서 인명 구조를 담당했습니다.

그러다 2012년 말 119특수구조단이 창단하면서 도봉산 산악 구조대로 발령을 받았어요. 등산로 상에서의 응급 환자 구조 및 조난자 수색과 암벽 등반 추락 사고 등 산악 지형에서의 구조·구급 활동 경력을 2년 이상 쌓은 후 현재는 응급구조사 1급 자격을 취득하기 위해 성북소방서 119구급대원으로 근무 중입니다.

Question 현재 맡은 업무에 대해 소개해 주세요.

현재는 성북소방서 길음119안전센터에서 구급대원으로 근무 중입니다. 2008년 의무 소방 복무 당시 구급대원 생활을 했을 때부터 느낀 건데요. 물론, 모든 소방 분야가 다 극도의 전문성을 필요로 하지만 그중에서도 구급 분야는 응급 환자 발생 시 가장 중요한 병원 치료 전 단계에서 적극적이면서도 전문적인 응급 처치 제공을 통해 직접적인 인명 소생 과정에 참여한다는 점, 또한 그런 중요성으로 인해 보다 더 깊은 전문 지식 습득을 위해 교육과 훈련을 통한 개인 역량 발전 가능성이 무궁무진하다는 점에서 너무도 매력적이라고 느꼈습니다.

현장의 최전선에 직접 투입되는 119구조대원 생활에 집중하느라 구급대원으로 근무할 수 있는 기회가 조금은 늦어졌지만, 다양한 현장에서의 구조·구급 활동을 모두 배우는 것이 저의 궁극적인 목표에 가까워지는 길이기에 저의 꿈은 여전히 현재 진행형입니다.

Question 소방관의 근무 형태는 어떻게 되나요?

현재 제가 소속된 서울의 소방서들은 대부분 3조 2교대 근무를 하고 있어요. 물론, 서울 지역 일부를 포함해 전국적으로, 소방관이 부족해 2조 2교대 근무를 하는 곳도 아직 남아 있습니다. 지역별로 근무 형태에 차이가 있지만 저는 3주일 주기의 교대 근무 형태라 1주 일은 주간 근무, 2주일은 야간과 비번 근무를 반복합니다. 주간 근무는 오전 9시 교대를 위해 8시쯤 출근을 하고, 18시에 야간 근무조가 출근할 때 교대하여 퇴근하지요. 18시에 출근하는 야간 근무조는 다음날 주간 근무조가 출근하는 오전 9시까지 근무를 하고 퇴근하여 그날은 비번입니다.

비번 일에는 충분한 휴식을 취하며 피로를 풀고, 운동을 하거나 학원을 다니고, 가족과 시간을 보내는 등 여가생활을 해요. 개인차가 있겠지만 저는 2조 2교대(당번-비번)를 하던 시절에 비하면 개인 시간이 많아져서 삶의 질이 향상되었다고 생각해요.

Question 소방관으로 합격 후 첫 업무는 무엇이며, 기억에 남는 사건, 사고가 있다면 소개해 주세요.

소방 공무원으로서는 서울 광진소방서 119구조대가 저의 첫 근무지였어요. 화재 현장에서 공포에 떨고 있는 시민들, 교통사고 현장의 참혹한 모습, 정말 많은 것들이 기억 속에 남아 있지만, 그중에서도 어느 명절날 새벽에 나갔던 교통사고 현장 구조 출동이 가장 먼저 떠오릅니다. 젊은 사람이 운전하던 차량이었는데, 고가 도로에서 추락하며 차체가 뒤집히고 크게 찌그러지며 내부 요구조자는 즉사한 사고였습니다. 그와 유사한 사고가 많

▶ 2010년 첫 배명지인 광진소방서 119구조대의 선배들과 함께

오영환 길음119안전센터 구급대원 **49**

았음에도 유독 그 현장이 기억에 남는 것은 신원 확인을 해 보니 지방에 거주하는 사람이었고, 뒷좌석에 정성스레 포장되어 있던 명절 선물 세트를 보았을 때, 명절날 가족을 만나러 가던 길이 아니었을까 하는 생각이 들어 유난히 마음이 아프고 감정이 이입되었던 듯합니다. 소방서 교대 근무 특성상 저도 함께 근무하는 팀원들과 명절을 보내며 어쩔 수 없이 고향 부모님을 떠올리던 날이었기에 더욱 그랬던 것 같네요. 아직도 명절 즈음이 되면 그 뒷좌석의 선물꾸러미들이 자꾸 떠오르곤 합니다.

Question 일을 하면서 가슴 아팠던 일은 없었나요?

의무소방 시절, 구급대원으로 근무를 한 지 얼마 되지 않던 날입니다. 야간 근무 중이었는데 새벽에 아기가 숨을 안 쉰다는 제보를 받고 출동하니 아빠가 조그마한 아이를 거꾸로 들고서 잘못된 응급 처치를 하고 있었어요. 이미 얼굴이 파래진 아기를 보고 가슴이 내려앉았지만 포기하지 않고 심폐 소생술을 실시하며 병원으로 이송했는데, 응급실에 아기를 내려놓자마자 당직 의사는 가운을 덮어 버렸어요. 신생아돌연사 증후군(SIDS)은 현재까지, 전 세계적으로도 원인과 대책이 밝혀지지 않은 증상이에요. 그때 아기 엄마의 절규와 아기 아빠의 무너져 내리는 어깨, 그 비극을 직접 바라보면서 소방관으로서 감당해야 하는 그 직업적 무게에 대해 깊이 생각해 보는 계기가 되었어요.

Question 산악 구조의 범위는 어떻게 되나요?

산악구조대는 서울119특수구조단에 소속된 구조대입니다. 서울 내에서는 도봉산, 북한산, 관악산에 설치되어 있고, 설악산(강원도119특수구조단), 지리산(산청소방서) 등 산악 지형이 발달된 지역에서 필요에 따라 설치되는데, 등산로 상에서 발생하는 발목 부상 등과 같이 비교적 가벼운 부상에서부터 암벽 구간 추락에 따른 중증 외상, 그리고 호흡 곤란 및 심장 질환 등 급성 응급 증상까지 매우 다양한 구조·구급 상황에 신속히 대처하는 것을 주 업무로 해요.

많은 분들이 궁금해 하시는데, 헬리콥터를 이용한 구조 활동은 119특수구조단 소속의 또 다른 구조대인 항공구조구급대의 임무입니다. 서울119특수구조단 내에 산악구조대, 수난구조대, 항공구조구급대, 특수구조대 총 4가지의 특수한 임무를 수행하는 구조대가 있어요.

Question 산악 구조를 하며 기억에 남는 사고가 있나요?

산악 지형에서 험난한 구조 활동을 많이 담당하다 보니 잊지 못할 경험을 많이 할 수 있었습니다. 그중에서 가장 기억에 남는 것은, 58시간의 수색 끝에 발견된 할아버지가 무사히 돌아오신 날이에요.

80대 고령의 연세에 파킨슨병, 치매까지 있어 전화 통화는 되는데 위치 파악을 전혀 할 수 없어 산악구조대 뿐만 아니라 타 소방서 인력에 경찰, 군인까지 동원되어 33시간 동안 수락산을 샅샅이 수색하다 교대 근무로 퇴근을 하였는데, 어르신의 안위에 대한 걱정으로 꿈에서까지 산 속을 헤매었던 기억이 나네요. 다음 날 교대하였던 팀으로부터 건강하게 무사히 발견되었다는 소식을 듣고 안도할 수 있었어요. 구조대원으로서 장시간 동안 1건의 구조 활동에 마음 졸이며 집중한 경험이 드물어서 그런 걸까요. 비슷한 연세의 외할머님을 둔 입장에서, 눈물을 흘리며 수색에 참여하여 할아버지를 찾아 헤매던 손녀들의 목소리 때문이었을까요. 안타까운 상황과 극명하게 대조될 정도로 한없이 아름다웠던 11월의 안개 가득한 수락산 풍경과 더불어 평생 잊지 못할 기억이 된 듯합니다.

Question 구조 활동으로 인해 육체적·정신 피로를 많이 느낄 거 같아요. 그런 사례가 있나요?

사실 육체적인 피로보다도 정신적인 스트레스로 더 힘듭니다. 화재 진압·구조·구급 활동을 하는 소방관들은 평소 체력을 일정 수준 이상으로 유지하기 때문에, 장시간이 소요되거나 별도의 특이 사항(요구조자의 과도한 체중 및 장거리 이동 등)이 없는 한 육체적 어려움을 호소하는 경우는 많지 않습니다.

하지만 정신적인 부분은 대부분의 소방관들이 다수 인명 피해 현장이라든지, 신체가 훼손된 처참한 현장이라든지, 동료의 부상 상황 등 너무나 다양한 충격 상황을 빈번히 목격함으로써 외상후스트레스증후군(PTSD)에 노출될 염려가 많습니다. 물론, 개인별로 차이가 크고, 겉으로 드러나지 않는 정신적인 부분인 만큼 그 정도를 일반화할 수는 없지만, 저의 경우는 육체적인 피로나 손상보다 정신적으로 어려웠던 순간을 경험했습니다. 앞서 말씀드렸던 영아 사망 사고 이후 그 또래 아기들을 보면 심리적으로 위축되기도 했었는데요. 그럴수록 더 적극적인 손길을 내밀어야 한다는 생각으로 끊임없이 훈련에 임하여 정신적 스트레스를 극복한 경험이 있습니다.

그리고 산악구조대원으로 근무하던 2013년 가을, 암벽 등반 대회 준비를 위해 북한산 주 암벽에서 훈련을 하던 중 조금 전까지 인사를 나누고 앞서 등반을 시작한 일행 중 1명이 60m 상단의 암벽에서 추락하는 사고가 있었어요. 추락 이후 출동한 것이 아니라 제가 있던 현장에서 추락 사고가 발생한 것은 처음이었고, 저도 같은 루트로 등반을 준비하던 입장이었기에 그 충격이 컸어요. 더 가슴 아픈 것은, 그분의 아들이 현장에 함께 있으며 추락 사고의 처음부터 끝까지를 모두 목격했다는 거예요. 사고 수습을 위해 출동한 소방관의 입장이 아닌 비극의 현장에 같이 있던 1명의 동료로서, 등반가로서 충격에서 벗어나는 게 쉽지 않았어요. 이후 그 전까지는 느끼지 못했던 고소에 대한 공포감으로 제가 추락하는 상황을 떠올리는 공황 상태를 겪었던 어려웠던 시기가 있었지만, 위험에 처한 요구조자가 생겼을 때 내가 다가가지 않으면 안 된다는 마음가짐을 수없이 되새기며 반복 훈련과 도전으로 결국에는 극복할 수 있었어요.

 소방관이 되고 나서 소방관에 대해 알게 된 점이 있나요?

대부분의 사람들은 '소방관' 하면 방화복을 입은 화재 진압대를 가장 먼저 떠올립니다. 구조대원과 구급대원까지 동시에 떠올릴 수 있는 사람도 그리 많지 않아요. 저도 그랬으니까요. 그런데 소방서에는 화재 진압과 구조, 구급 업무 이외에도 전문적인 자격과 지식,

장비를 갖추고 화재 감식에 종사하는 화재 조사원, 주변에서 흔히 볼 수 있는 건물에 설치된 소방 대상물들의 설치 및 관리 상황을 점검하는 예방 대원, 소방 관련 홍보 및 외부 교육 활동을 전문적으로 담당하는 소방관 등 다양한 분야를 담당하는 소방관이 있다는 것을 알게 되었습니다.

Question 소방관이라는 직업에 대한 인식은 어땠나요?

어떤 사람들은 위험하지 않냐, 힘들지 않냐, 이런 걱정들을 포함해 소방관은 돈을 많이 못 벌지 않느냐는 생각까지, 조금 부정적으로 바라보기도 하고요. 또 어떤 사람들은 참 좋은 일이긴 한데, 힘든 직업이니 내 가족이나 친구가 한다면 말리고 싶다고 하기도 해요. 반면에 어려움에 처한 사람들에게 직접적으로 도움을 주는 좋은 직업이라고, 단순히 돈을 벌기 위한 직업이 아닌, 아름다운 사회를 만들기 위한 보다 의미 있는 직업이라고 생각해 주는 사람들도 많습니다. 저는 긍정적인 쪽으로 받아들이기로 했어요. 누가 뭐라고 하든, 어떻게 인식하든 저에게는 최고의 직업이니까요.

Question 소방관으로서 언제 자부심을 느끼나요?

저는 가슴에 새긴 119 마크만으로도 세상에서 가장 당당한 사람입니다. 대부분의 직업이 저마다 추구하는 가치가 있겠지만, 그 무엇과도 비교할 수 없는 소중한 생명이 위험에 처하였을 때 가장 먼저 다가가서 지켜 내고 구해 내는 것이 소방관의 일이에요. '생명'이라는 단어 안에는 모든 사람들의 평범한 일상생활이 포함되고, 수많은 희망과 행복, 그리고 세상을 더욱 아름답게 만들 수 있는 가능성이 포함됩니다. 세상의 모든 가치를 지켜 내는 것이 소방관으로서의 자긍심이자 행복입니다.

소방관에게는 어떤 마음가짐이 필요한가요?

소방관의 조건, 우선 가장 기본이 되는 것은 무엇보다도 체력입니다. 물론 기술적·경험적 필요 요소도 중요하지만, 많은 것을 할 줄 아는 사람도 체력이 부족하면 결국 아는 것을 활용하지 못할 수 있으니까요.

또한, 봉사심은 필수입니다. 때로는 현장에서 구조 활동 중인 소방관들을 방해하거나 위협하는 사람들도 있습니다. 이런 여건 속에서도 소방관들은 그런 이들조차도 내가 보호해야 하는 국민이고, 누군가의 소중한 가족이라는 생각을 가지고 도와야 합니다. 그래서 소방관에게는 다양한 악조건 속에서도 긍정적인 생각할 수 있는 마음이 중요합니다.

직업 특성상 소방관은 즐거운 시간과 공간으로 출동하는 사람들이 아닙니다. 저희가 가는 곳은 언제나 크고 작은 '잘못된 상황'이 대부분이기 때문에, 다양한 비극을 비롯한 극한 상황을 경험한 이후 발생하는 외상후스트레스증후군에 시달리게 되는 경우도 있습니다. 그런 어려움을 극복할 수 있는 긍정적 마음가짐 역시 소방관의 필수 조건이라 생각합니다.

Question 소방관이 된 후 부모님은 어떤 반응을 보이셨나요?

제가 오랜 시간 키워 온 꿈이었던 만큼 저 못지않게 부모님께서도 좋아하고 기뻐하셨죠. 다만 직업적 특성상 위험한 현장에서 활동하는 소방관의 모습이 언론에 많이 노출되다 보니 어머니는 제가 소방관이 된 후로부터는 가슴이 떨린다고 뉴스를 시청하지 않으신대요. 조금은 안타깝고 죄송스럽기도 하죠. 그렇지만 부모님께서는 언제나, 어디가나 아들이 소방관이라고 자랑스럽게 말씀하신다고 해요.

Question 소방관이라는 직업의 어떤 점이 자신과
잘 맞는다고 생각하나요?

저는 일을 한 후 나오는 결과를 눈으로 직접 확인할 수 있는 일, 그리고 매우 활동적이고 역동적인 일을 좋아합니다. 그런 점에서 소방관이라는 직업이 저와 잘 맞는 거 같아요.

물론, 그 어떤 직업보다도 격렬한 신체 활동이 많은 화재 진압, 구조, 구급 등의 활동을 하다 보면 지칠 때도 있지만 비할 바 없는 최우선의 가치인 생명을 지켜 낸다는 자부심과 보람을 매일같이 느낄 수 있다는 것, 그 하나만으로도 저에겐 가장 잘 맞는 일인 것 같습니다.

Question 소방관으로서 어려운 점은 무엇인가요?

어려운 점은 소방관은 장가가기가 힘들어요. 우스갯소리지만, 장모님들의 기피 사윗감 1순위가 소방관이라고 하니까요. 실제로 소방서에는 노총각 선배들도 많아요. 하지만 사실은 대부분의 소방관들이 장가 잘 갑니다. 위에서 말씀드린 것처럼 무조건 소방관은 위험하다는 것은 오해이기 때문에 설득하기 나름이라고 생각해요.

정말 어려운 점은, 아무래도 불규칙한 교대 근무가 건강에 영향을 미쳐요. 또, 퇴근하고 항상 잠부터 자게 되니까 낮에 가정을 챙겨야 할 일에도 영향을 미치죠. 주어진 시간 안에서 휴식을 취하고 건강을 챙기면서, 개인적인 삶 또한 영위해야 한다는 것이 가장 어려운 점이죠. 사실 소방관으로 살아간다는 것이 어렵다고 생각하지는 않아요. 조금 어려운 점이 있어도, 제가 가장 좋아하는 일을 하며 살아갈 수 있다는 것이 커다란 장점이니까요.

Question 소방관으로서 향후 목표는 무엇인가요?

소방관으로서 또 하나의 꿈은 항공구조구급대원이 되는 거예요. 당장 근무하고 싶다기보다는, 구조대원으로서 그리고 구급대원으로서도 최고의 실력과 경험을 갖춘 이후 목표

로 삼고 있어요. 그리고 먼 미래에는, 풍부한 현장 경험을 토대로 탁상행정이 아닌 보다 효율적인 소방 조직을 만들어 가는 데 일조하고 싶습니다.

지방직으로 분산된 조직임에도 불구하고 현장과 정책이 동떨어진 경우도 있어요. 문서상·수치상의 실적을 중시하는 것은 어느 조직이나 마찬가지겠지만, 소방만큼은 그러면 안 된다고 생각합니다. 소방의 현장은 국민의 안전과 직결되는 만큼, 국민이 더욱 안심하고 생활할 수 있도록 현장에서 느낄 수 있는 효율적인 소방 정책들을 만들고 싶습니다.

목표를 위해 현재 노력하거나 준비 중인 것이 있나요?

산악 지대가 많은 우리나라 지형적 특성상, 서울뿐만 아니라 전국의 소방항공대 구조구급 활동 중에서 산악 사고가 상당히 큰 비중을 차지하고 있습니다. 개인적으로 클라이밍을 즐기기도 했었지만, 그런 이유가 있기에 산악구조대에 지원해서 전문 산악 구조 역량을 키우려 애썼고요. 수영, 스킨스쿠버 등 수난 구조 능력도 꾸준히 연마 중이에요.

그리고 지금은 항공 이송 중 전문 응급 처치의 중요성을 깨닫고, 일선 소방서 구급대로 자원하여 1급 응급구조사 자격 취득까지의 경험과 실력을 쌓기 위해 노력 중입니다. 1급 응급구조사와 현장 경력, 그리고 산악·고층·수난 구조에 있어서의 전문성을 모두 갖춘 이후 최고의 능력 있는 항공구조구급대원이 되고 싶어요.

그리고 제가 꿈꾸는 최고의 소방관은 현장 활동 외에도 화재와 관련된 이론·기술적 문제들에 대해 분석하고 해답을 제시할 수 있어야 한다고 생각해요. 그래서 서울 소방공무원들만이 다닐 수 있는 서울시립대 소방방재학과에 12학번으로 입학하여 현재 4학년 1학기에 접어들었고, 향후 대학원 진학도 진지하게 고려하고 있습니다. 소방에 관련된 것이라면 사소한 것 하나라도 배우고 싶은 욕심이 있습니다. 다양한 현장 경험에 깊은 이론 지식까지 겸비한 소방관이 되고 싶어요.

소방관 외에 다른 꿈이 있나요?

꿈이라는 건 거창하고 대단한 목표가 아니라, 내가 언제 어디서 어떤 일을 하며, 어떤 모습이고 싶다는 '나의 모습'을 구체적으로 그려 보는 것이라고 생각해요. 그런 면에서 저는 정말 꿈이 많아요.

우선 책을 굉장히 좋아합니다. 그중에서도 소설가 김훈 선생님을 너무나 흠모하고, 그분의 작품을 좋아해요. 그러다 보니 어느 순간부터 저도 글을 쓰고 싶다는 꿈을 갖게 되었어요. 제가 틈틈이 글을 쓰는데, 저의 첫 번째 인명 구조(해운대 해수욕장)의 순간에 대한 글을 우연히 김훈 선생님께서 보시고, 그 '손'을 모티브로 하여 단편 소설도 한 편 지어 주셨어요. 정말 잊지 못할 추억입니다. 문학동네 계간지 2013 겨울호에 수록되었고, 그 책을 10권 정도 사서 나눠 주며 주위에 자랑했어요. 앞으로도 글쓰기와 관련된 크고 작은 꿈을 가지고 있어요.

그리고 소방관으로서 저의 이야기를 중고등학생들에게 들려주는 진로 강사로도 조금씩 활동하고 있는데, 예상 외로 즐거운 일이더라고요. 저는 사람들 앞에서 말을 못한다고 생각했었는데, 제 이야기에 귀 기울이는 학생들의 눈빛을 보면서 굉장히 설레었어요. 소방관으로서 해 줄 수 있는 이야기들을 보다 많은 사람들에게 들려주고 싶은 작은 꿈도 생겼어요.

멘토가 있으세요?

해운대 소방서에서 의무소방으로 복무할 당시, 구급대 보조대원으로 1년간 활동한 적이 있었습니다. 그때 함께 현장을 누비던, 구급대원 주정호 주임님이 저의 멘토입니다. 구급 분야에서는 전국적으로 유능한, 전문가 중의 전문가예요. 지식과 경험뿐만 아니라 더 나은 소방관이 되기 위해 끊임없이 노력하는 모습에서 많은 것들을 배울 수 있었어요. 지금의 저를 있게 한 데에 가장 큰 영향을 주신 분이세요. 지금도 연락하며 '스승님 발끝에라도 따라가려고 열심히 하고 있습니다.' 라고 말씀드려요. 소방서에 처음 발을 내딛을 때부터 실력과 성품, 열정에 있어 최고인 분과 함께 근무할 수 있었던 것이 저에게 큰 행운이었어요.

Question 기억나는 말씀은?

준비가 되어 있지 않은 사람은 중요한 기회가 왔을 때 서둘러 손을 펴도 그 틈으로 기회가 빠져나가 버리지만, 준비가 되어 있는 사람은 기회가 다가왔을 때 놓치지 않고 잡을 수 있다며, 늘 기회를 잡을 수 있도록 준비하라는 말씀이 가장 기억에 남아요. 저는 그 말씀을 제 목표와 결부시켜서 받아들였어요. 내가 어떤 길을 걷고자 하는지, 뚜렷한 목표와 계획을 세우고 관련된 준비들을 차근차근 해 놓는다면 엉뚱한 곳에 시간을 허비하지 않을 수 있다고 생각했습니다. 항상 그 말씀을 떠올리며 하루하루 준비하는 마음으로 살아가고 있어요.

Question 더 나은 소방관이 되기 위해 어떤 준비와 노력을 하나요?

제 목표와 관련된 것들에 관심을 가지고 집중하려 합니다. 항공구조대원 활동의 대부분을 차지하는 산악 구조 활동에서 전문성을 높이기 위해 산악구조대에 지원했고, 산악구조대에 들어가기 위해 스포츠클라이밍을 통해 암벽 등반을 배웠습니다.

119구조대에서 근무하기 위해 스쿠버다이빙 등의 자격증을 취득했고, 원하는 시기에 구급대원으로 근무할 수 있도록 응급구조사 2급 자격도 취득했어요.

Question 퇴직 이후에 대해 계획하고 준비하는 게 있나요?

정년퇴직은 30년도 더 남은 먼 미래의 일이지만, 그때 제가 어떤 모습으로 살아가고 싶은지 분명히 그려 보고 있습니다. 아직 꿈을 위한 계획 단계이기에 지금 구체적으로 말하기엔 부끄럽네요. 하지만 국민이 언제나 안심하고 살아갈 수 있는, 보다 더 안전한 대한민국을 만들어 가는 데에 일조하고 싶은 것이 그중 가장 중요한 가치라고 말씀드릴 수 있습니다.

Question 일반인들이 알고 있어야 할 안전 상식이 있다면요?

진심으로 전 좌석에서 안전벨트를 착용하라고 부탁드리고 싶어요. 전국 교통사고 통계에서 차량 내부 인명 피해를 살펴보면, 사망자 발생률이 가장 높은 곳은 바로 뒷좌석입니다. 운전석과 조수석에서는 안전벨트 착용을 잘하는 편이지만, 뒷좌석은 아직도 착용하지 않는 사람들이 많아요. 고속도로에서는 전 좌석 안전벨트 착용이 의무이지만, 실제 착용하지 않는 사람들도 많고요. 사실 고속 도로 뿐만 아니라, 시내 교통사고 현장에서도 뒷좌석에 앉았다가 사망하는 사람을 너무나 많이 볼 수 있었어요. 4~50km 주행 속도에서도 사망자는 쉽게 발생할 수 있습니다. 안전벨트만 확실히 착용하더라도, 연간 5천 여 명에 이르는 교통사고 사망자 중 많은 수가 줄어들 거라고 저는 확신합니다.

Question 소방관이라는 직업을 한 마디로 표현해 주세요

소방관은 화재를 진압하고, 수많은 사고 현장에서의 인명 구조와 전문적인 응급 처치를 통해 생명 연장을 도모하는 사람들이죠. 한 마디로 말하자면, 소방관은 소중한 것들을 지켜 내고 구해 내는 사람들입니다. 그 어떤 시간, 어떤 장소에서 누구에게나 일어날 수 있는 사고로부터 소중한 생명을 구하기 위해 가장 먼저 달려가 손 내밀어 줄 수 있는 사람들입니다. 삶에서 행복의 기준이 다 같을 수 없지만, 사람들이 저마다의 행복을 이루기 위해 노력할 수 있는 최소한의 발판. 그 모든 삶의 배경을 지켜 내는 사람들이 소방관입니다.

지극히 평범한 가정에서 태어나 훗날 소방관이 될 것이라는 생각은 전혀 하지 못한 채 그저 주어진 삶에 충실하게 살았다.

　　예상치 못했던 대학 입시 실패로 갑작스레 또 한 번의 진로 결정 기회가 생겼고, 우연한 기회로 응급구조학을 전공하게 되었다.

　　입학 후 4년이 다 되도록 소방 분야로는 진로 계획이 없었는데, 소방 실습을 하며 뭔가 모를 자극을 받고 졸업하는 해인 2011년 2월에 바로 소방공무원 시험을 준비하게 되었다.

　　2011년 5월 첫 필기시험에 합격했으나 그해 7월 최종 면접에서 불합격하였고, 얼마 후 10월 갑자기 생긴 하반기 시험에서 다시 도전하여 2011년 12월에 서울 소방공무원 시험에 최종 합격하였다.

　　2015년 6월 현재 3년차 구급대원으로 근무 중이다.

- -

구로소방서 공단119안전센터 구급대원
오혜원 반장

- 현) 구로소방서 공단119안전센터 구급대원
- 현) 가천대학교 보건대학원 응급구조학과 재학 중
- 2011년 서울시 소방공무원 시험 합격
- 가천대학교 응급구조학과 졸업

소방관의 스케줄

오혜원
구로소방서
구급대원의
하루

21:30 ~ 23:30
▶ 가족과의 시간, 휴식
23:30 ~ 06:00
▶ 수면

06:00 ~ 08:30
▶ 출근 준비 및 아침 식사

08:30 ~ 09:00
▶ 출근 및 교대 근무 인수인계
09:00 ~ 10:00
▶ 아침 조회, 출동 개시 준비
  (응급 물품, 무전 장비
  등 점검)

18:00 ~ 20:00
▶ 퇴근 및 저녁 식사
20:00 ~ 21:30
▶ 운동

13:00 ~ 15:00
▶ 구급 현장 출동
15:00 ~ 18:00
▶ 현장 출동 관련 구급 일지
  작성 등 행정 업무,
  구급 출동 대기

10:00 ~ 12:00
▶ 행정 업무 및 구급 출동 대기
12:00 ~ 13:00
▶ 점심 식사

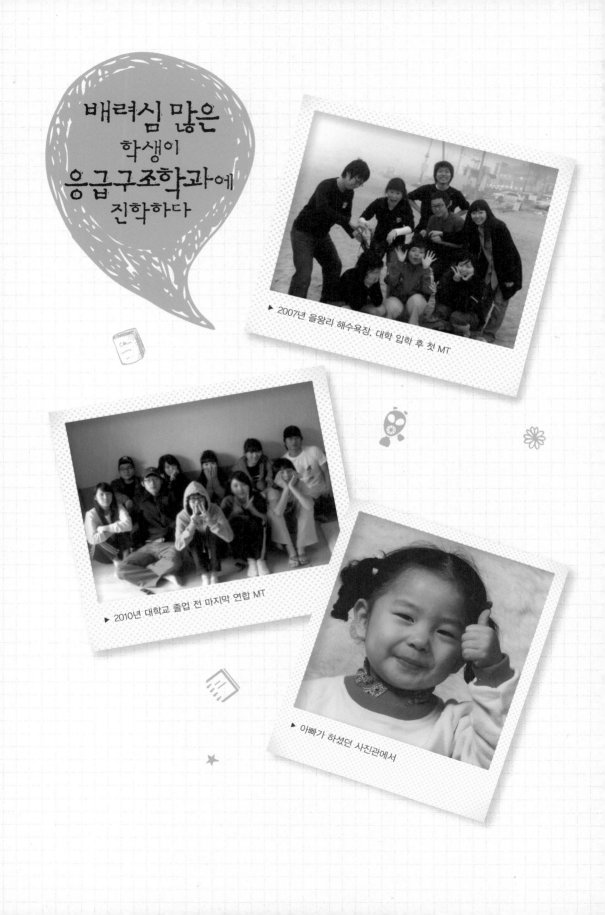

배려심 많은 학생이 응급구조학과에 진학하다

▶ 2007년 을왕리 해수욕장, 대학 입학 후 첫 MT

▶ 2010년 대학교 졸업 전 마지막 연합 MT

▶ 아빠가 하셨던 사진관에서

Question **어린 시절 꿈은 무엇이었나요?**

주어진 공부는 열심히 하는 학생이었습니다. 내신 등급이 2~3등급을 웃돌았어요. 수학과 과학은 좋아했었지만 영어는 상대적으로 멀리했었죠. 그러나 특이하게도 '문예창작반' 동아리 활동을 했었어요. 수학, 과학에 대한 편애로 인해 멀리할 수 있었던 언어적인 부분들을 동아리 활동을 통해 채워 나갔어요. 지금 생각해 보면 소방공무원 시험 과목 중 국어 공부를 하는 데 있어서 큰 도움이 되었던 것 같습니다.

Question **어떤 성격이고, 어떤 분야에 흥미가 있었나요?**

저는 굉장히 외향적이고 활발합니다. 그러다 보니 사람들 만나는 것을 좋아하고, 제가 좋아하는 사람들을 만나 즐거운 이야기를 나누는 것 자체를 인생의 가장 큰 행복이라고 생각합니다. 워낙 왈가닥이다 보니 가끔 덜렁거릴 때도 있지만, 저의 취약한 부분을 보완하기 위해 평소 행실에 극히 신경 쓰는 편이에요.

수학, 과학에 흥미가 있었던 터라 대학교 입학부터 소방공무원 시험에 합격할 때까지 꾸준히 수학 과외를 해 왔습니다. 대학교를 다닐 때에는 좋아하는 과목을 가르치며 용돈 버는 과외를 천직으로 생각했던 것 같아요. 단순히 공부만 가르쳤다면 이만큼 애착을 갖진 않았을 거예요. 제가 가르쳤던 아이들은 주로 마음의 상처가 많은 친구들이어서 심리적인 지지대가 되어 주려 노력했더니, 그대로 아이들의 성적에도 반영이 되더군요.

한 번은 저에게 많이 의지했던 학생이 가출을 하고 연락이 되지 않는다고 학생의 어머니가 울며 연락을 하셨어요. 그때 그 친구는 저와 연락을 하고 있었고요. 그 친구를 만나 타이른 후 무사히 귀가시켰죠. 과외 하던 시절을 생각하면 지금은 늠름한 군인이 된 그 친구가 가장 많이 생각이 나요. 그때 과외 학생들의 고민을 두런두런 들어주었던 덕분인지 지금도 현장에서 주취자들의 넋두리를 재미있게 들어줄 수 있는 것 같아요.

Question ## 장래 희망은 무엇이었나요?

    특별한 장래 희망은 없었어요. 막연하게 의료 분야에서 일하고 싶다는 생각만 가지고 있었거든요. 지금 생각해 보면 고등학교 때 소방서로 봉사 활동을 갔던 적이 있는데, 그때 어깨너머로 보았던 소방관들의 모습들이 참 흥미로웠어요. 그때의 기억이 제가 소방으로 진로를 정할 때 은연중에 반영되지 않았나 싶어요.

Question ## 대학교 전공을 어떻게 선택하게 되었나요?

    저는 앞서 말씀드렸듯이 활동적이고, 외향적인 성격을 가지고 있어서 어렸을 때부터 사무직 쪽은 직업으로 고려하지 않았던 것 같아요.

    어렸을 적부터 의료계에 종사하고 싶다는 생각을 했어요. 저의 할아버지가 의사셨고, 이모가 간호사여서, 어려서부터 의료 분야에 관심이 있었어요. 관심 있는 과목도 과학, 그중에서도 생물이었어요. 그래서 고등학교 시절에는 이과 계열로 진학했습니다. 고등학교 3학년 때 대학 전공을 선택할 때에도 의학 계열 중에서 결정했죠. 의예, 간호, 응급 구조, 방

▶ 2009년 영흥도 해양 실습 중

사선, 물리 치료 등 다양한 학과가 있는데 저는 응급구조학과로 진학했습니다.

    사실 제가 응급구조학과로 진학할 당시에는 응급구조학에 대한 정보가 많지 않았어요. 단지 부모님께서 안정적인 직업을 원하셨고, 담임 선생님께서 추천해 주셨던 것이 한몫했던 것 같아요.

Question 응급구조학과에서는 어떤 것들을 배우나요?

응급구조학과에서는 응급 처치에 관한 과학적 의료 지식과 실무 중심의 기술을 교육해 응급 환자의 건강과 생명을 보호할 수 있는 인재 양성을 목표로 합니다. 권역 응급의료센터에서 임상 실습이나 소방 구급대 실습을 병행하고 있고, 기초 의학과 전문 응급 의료 관련 이론을 교육하며, 1급 응급구조사로서의 자질을 쌓도록 합니다.

Question 대학 생활은 어땠나요?

저희 과는 진로가 분명하게 정해져 있는 편이에요. 대부분 병원 아니면 소방으로 갑니다. 물론 군보정직, 간호장교, 해경, 교정직공무원, 보건 교사 쪽으로도 갈 수 있어요.

저는 대학 생활 때 중학생 과외도 해 보고, 아이스크림 가게에서 아르바이트도 해 봤어요. 과외를 할 때에는 단순히 공부만 가르친 것이 아니라 학생들에게 더 다가가려고 애썼어요. 제가 살았던 지역의 학생들이 유난히 심리적인 결핍이 많았거든요. 저의 과외 학생들도 다를 것이 없었죠. 아무래도 가정에서 제대로 케어가 되지 않아 겉돌기 일쑤였는데, 그 친구들에게 안정을 찾아 주고 열심히 공부를 할 수 있도록 도와주려고 노력했어요.

아이스크림 가게에서는 대학교 4년 내내 일을 했는데, 덕분에 악력(손아귀로 무엇을 쥐는 힘)이 남들보다 좋아요. 저도 모르게 운동이 된 셈이었나 봐요. 체력 검사를 할 때에도 월등하게 나와서 따로 연습할 필요가 없을 정도였으니까요. 또 매일 많은 고객들을 마주하는 일이다 보니 저의 의사소통 능력을 향상시키는 데로 도움이 되더라고요. 지금 소방관으로서 일을 하면서 매일 다른 환자분들을 마주하게 되는데 그분들의 마음을 잘 헤아릴 수 있게 되는 것 같아요.

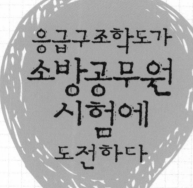

응급구조학도가
소방공무원
시험에
도전하다

▶ 2011년 대학교 졸업 사진

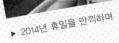

▶ 2014년 휴일을 만끽하며

▶ 2011년 첫 번째 소방공무원 필기시험을 치고 나서 임진각 평화
누리 공원에서

Question 언제 소방관이 되어야겠다는 확신이 들었나요?

저희 과에서는 병원 실습과 소방 실습을 각 3회씩 진행합니다. 병원 실습 때에는 병원에서의 응급 처치에 대해서 배우죠. 우리가 쉽게 떠올리는 병원 응급실을 경험하는 겁니다. 소방 실습은 119구급대원과 같이 24시간 동안 근무를 하면서 현장에서의 응급 처치를 배워요. 둘 다 장단점이 있지만 저에게는 소방이 더 적성에 맞았어요.

병원과 소방에서 하는 일을 응급 상황으로 가정해 보자면, 병원에서 근무를 하면 구급대원들 덕분에 미리 환자의 상태를 파악할 수 있습니다. 구급대원들의 연락을 받고 준비할 수 있는 시간이 있기 때문에 환자가 병원에 도착하자마자 바로 조치를 취할 수가 있죠. 반면, 소방서에서 근무를 하면 119로 신고한 분의 의견 이외에는 어떠한 정보도 알 수가 없는 상태로 출동을 합니다. 그래서 출동을 하면서 신고자에게 전화를 걸어 현장 상황을 물어보고 응급 처치 할 상황을 살피죠. 대부분 현장에서 빠르게 판단해서 응급 처치를 해야 하는 것이 대다수입니다.

대학교 4학년, 마지막 소방 실습 때 처음으로 심정지 환자를 맡아 직접 심폐소생술(CPR)을 시행했습니다. 1분 1초를 다투는 급박한 상황 속에서 오로지 한 생명을 살리기 위해 혼신을 쏟는 그 순간에 희열을 느끼며, '이게 바로 나의 직업이구나!' 싶었죠.

Question 구급대원은 경력 경쟁으로만 채용하나요?

예전에 3개월(12주)이던 신임자 교육이 1년 전부터 6개월(24주)로 늘어나면서 소방학교에서 2급 응급구조사 자격을 취득하고 졸업하게 됩니다. 2급 응급구조사 자격증을 소지하고 있다면 공채로 들어와도 구급대로 배정받기도 합니다. (참고로 올해부터는 신임자 교육 기간이 6개월에서 4개월(16주)로 다시 줄어든다고 해요.)

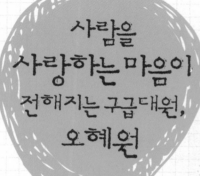

사람을
사랑하는 마음이
전해지는 구급대원,
오혜원

▶ 2012년 서울소방학교 구조구급센터 신임자 구조 교육 중 레펠
교육

▶ 2012년 서울소방학교 구조구급센터 신임자
구급 교육 중

▶ 2012년 서울소방학교 신임자 화재 진압 교육 중

▶ 2012년 서울소방학교 신임자 화재 진압 교육 중

소방공무원 시험에 최종 합격하면 이후에 무엇을 하나요?

연수 및 훈련을 받아요. 훈련의 경우에는 구급, 화재, 구조에 속한 모든 신입 소방대원들이 서울특별시소방학교에 모여서 24주간 월요일부터 금요일까지 합숙 훈련을 받아요. (제가 훈련받았던 2012년 당시에는 12주였고, 현재는 24주로 바뀌었으나, 2015년 하반기부터 16주로 바뀔 예정입니다.) 이때 공무원으로서 갖추어야 할 소양과 현장 활동에 필요한 장구의 사용법, 부대 단위 화재 진압 등의 훈련을 받아요.

소방공무원 시험에 최종 합격 후 지역 배치 지역은 어떻게 결정되나요?

합숙 훈련 막바지에 근무 희망 지역의 소방서 5개를 적어서 제출해요. 근무 지역 배치는 본부 인사팀에서 결정하는 사안이기 때문에 구체적인 결정 조건을 정확하게 설명드릴 수는 없지만, 주로 희망하는 소방서 및 연고지와 가까운 곳을 참고하여 배치합니다. 즉, 예를 들어 1지망이 구로소방서라고 해서 무조건 구로소방서로 배치받을 수도 없고, 5지망 안에 구로소방서가 없다고 해서 구로소방서로 배치받지 않을 이유는 없다는 거죠.

현재 맡은 일을 구체적으로 소개해 주세요

저의 주 업무는 현장에서 환자의 처치 및 병원으로 이송하는 일 등의 구급 출동입니다. 그 외에 보험사나 법원 등에 제출할 때 필요한 구급 증명서를 발급해 주는 행정 업무도 하고, 근접 배치라고 해서 관내 행사가 있는 경우에는 사람들이 많이 몰리는 곳에 혹시 모를 사고에 대비해 구급차에서 대기하기도 해요. 예를 들면, 세월호 사고로 인한 진도 근접 배치, 집단 시위 및 농성으로 인한 국회의사당 근접 배치, 벚꽃놀이 및 불꽃놀이 행사 관련 공원 근접 배치 등이 있겠네요.

또한 유치원, 초등학교 등의 단체 행사의 인솔자가 되기도 합니다. 최근 학생들의 수학여행에서 119구급대원의 인솔자 역할이 이슈화되기도 했었죠. 얼마 전에는 서울소방뉴스를 진행하기도 하고, 안전 체험 행사의 T/F팀으로 일하기도 했어요. 구급대원이라고 해서 구급 활동만을 하진 않아요. 다양한 업무를 지원하기도 한답니다.

> **Question** 소방관이 된 후 하게 된 일에 대해 소개해 주세요.

저는 구급대원 경력 경쟁 채용으로 들어왔기 때문에 구급 출동이 저의 주 업무입니다. 하지만 구급차가 구급 상황에서만 동원되진 않아요. 화재, 구조 출동일 경우에도 함께 출동합니다. 화재로 인해 인명 사고가 우려되거나, 교통사고나 자살 시도 등 구조가 필요한 인명 사고일 경우에도 모두 출동하죠.

2014년에는 서울시 구급 분야 '소방왕 대회'에 출전했어요. '소방왕 대회'는 각 소방서에서 대표 선수 2명씩이 출전해 심폐소생술과 전문 외상 평가, 2가지 종목으로 구급대원으로서의 실력을 겨루는 대회예요. 비록 순위 안에는 들지 못했지만 많은 것을 배울 수 있었던 새로운 경험이었기에 2014년의 가장 큰 추억으로 꼽는 답니다.

구급 출동 외에 각 소방서의 소식을 전하는 서울소방뉴스를 진행하기도 했어요. 서울소방을 홍보하기 위해 권순경 서울소방본부장님과 시청 방송을 촬영하기도 했고, 어린이 화상 환자 돕기 행사의 일환으로 몸짱 소방관 달력 제작을 위해 사진 촬영을 하기도 했습니다.

현재는 4월에 열릴 예정인 2015 서울안전체험한마당(세이프서울) 행사의 T/F팀 대외 협력 담당으로 근무하고 있어요. 구급대원이라고 해서 구급 활동만 하진 않아요. 구급대원이기 전에, 소방관이기 때문에 소방을 위한 다양한 업무를 맡기도 한답니다.

Question 소방관으로서 첫 업무는 어땠나요?
기억에 남는 일이 있나요?

출근한지 얼마 되지 않아 바로 구급 출동을 했어요. 떨리는 마음으로 구급차에 몸을 실었던 그때가 엊그제 같은데 금방 소방 생활에 익숙해졌네요. 그래서 지인들이 저에게 소방관이 천직이라고 하나 봐요. 하하.

구급 출동을 하며 가장 기억에 남는 것은, 너무나도 추웠던 날이었는데, '아기를 낳음'이라는 지령지를 받아 들고 급히 출동을 나갔죠. 출산 관련해서는 학교에서 배우기만 했지, 한 번도 경험해 보지 못했던 상황이라 당황스러웠지만 침착하게 분만 세트를 챙겨 산모에게 달려갔어요. 두 사람도 들어가기 어려운 쪽방에 산모는 힘이 빠져 늘어진 채 누워 있었고, 아기는 다 나오지 못하고 상반신만 나온 상태였어요. 조금이라도 늦었다면 산모와 아기가 모두 위험할 수 있는 상황이었는데, 산모를 다독인 후 아기의 하반신까지 받았어요. 아기도 그때서야 크게 울음을 터뜨렸고, 모두 안도의 한숨을 쉬었죠. 아기와 산모를 따뜻하게 보호하며 병원으로 이송하던 중, 또 한 번 놀랄 수밖에 없었어요. 산모는 언제 임신을 했는지도 정확히 모를뿐더러 너무 가난하여 한 번도 병원에 다닌 적이 없다고 했어요. 무책임한 산모에게 순간 화가 나기도 했지만, 산모의 딱한 사정을 눈으로 보았기에 금세 마음이 아팠고, 무엇보다 건강하게 태어난 아기가 참 기특하게 느껴지더군요. 지금쯤이면 그 아기도 백일이 지났을 텐데 건강하고 예쁘게 자라고 있는지 궁금하네요.

구급대원의 일련의 업무 어떻게 진행되나요?

신고자가 119안전신고센터로 전화, 인터넷을 통해 신고를 하면, 119에서 환자 발생 위치의 근거리 안전센터로 수보를 내립니다. 이첩 받은 안전센터에 구급차 출동 지시를 내리면 우렁찬 벨소리와 함께 지령지(신고자의 전화번호, 환자의 주소 및 지도, 출동 시각, 일련번호)가 출력됩니다. 구급대원들은 재빠르게 지령지를 들고 구급차에 올라 출발하면서 신고자에게 전화를 걸어 환자의 현재 상태, 보호자, 주소 등을 다시 확인합니다. 현장에 도착하면 환자 상태를 신속히 파악하여 충분히 응급 처치를 시행한 후, 병원으로 이송하는 구급차 안에서 문진, 병력, 신상 등을 파악하여 구급 활동 일지를 작성합니다. 병원에 도착하면 의료진에게 환자를 인계하면서 구급 활동 일지에 인계자 사인을 받고 귀소합니다.

구급 출동 외에 구조·구급 증명서 발급을 담당합니다. 구조·구급 증명서는 주로 법원, 보험 회사 등에 제출하는 공문서이기 때문에 객관적인 입장에서 자세하고 정확하게 기입합니다.

소방서와 119안전센터의 업무에 있어 차이가 있나요?

서울소방에는 전체 23개의 소방서가 있습니다. 각 소방서 산하 여러 개의 119안전센터가 있죠. 예를 들면, 구로소방서 산하에 구로119안전센터, 고일119안전센터, 신도림119안전센터, 수궁119안전센터, 독산119안전센터, 시흥119안전센터, 제가 속해 있는 공단119안전센터까지 8개의 119안전센터가 있습니다.

회사로 비유하자면 소방서는 본사가 되고, 119안전센터는 각 지역의 지사로 생각하면 쉬울 것 같아요. 모든 센터는 업무적으로는 차이가 없으나, 센터의 크고 작은 일을 아울러 큰 틀에서 총괄하는 역할을 소방서에서 담당한다고 보면 됩니다.

구급 활동을 하다가 위험한 상황에 처하게 되는 경우도 있었나요?

고속도로에서 교통사고가 잦은 편인데, 환자를 처치하던 중 위험했던 순간이 종종 있었죠. 한번은 오토바이 교통사고로 환자가 가드레일에 끼여 있는 상황이라 구조되기를 기다리던 중, 경찰관들이 차량을 통제했음에도 불구하고 어떤 차량이 제 옷깃을 스치며 쌩하니 지나갔던 적이 있습니다. 그 당시에 타 지역 소방관이 미미한 교통사고를 수습하던 중 갑자기 지나가는 차가 미끄러져, 사고를 크게 당했다는 소식을 들었어요. 그래서 얼마나 간담이 서늘했던지……. 동료들의 사고 사례를 계속 듣다 보면 두려움도 생기지만, 오히려 안전에 더 신경을 쓰게 되더라고요.

Question 육체적, 정신적 피로는 어떻게 해소하나요?

솔직히 말씀드리면, 구급 현장에서는 영화에 나올 법한 상황들이 많이 벌어지곤 해요. 칼부림부터 시작해서 목맴, 추락, 큰 교통사고 등 소방관이 아니라면 평생 한 번도 보지 못할 상황들과 마주하게 되지만, 긴박하게 환자에 집중하다 보니 놀랄 겨를조차 생기지 않는 것 같아요. 물론 무덤덤한 성격 탓도 있겠지만요.

하지만 보이지 않게 정신적 피로가 쌓이기는 하죠. 그래서 저는 문화생활을 최대한 많이 즐기려고 합니다. 영화, 연극, 뮤지컬을 매우 좋아하고요. 틈이 날 때마다 여행을 다녀요. 1년에 1번은 꼭 해외여행을 다녀오는 편이고, 계획에 없던 여행을 떠나기도 해요. 여행을 계획하는 시간, 여행을 다니며 오로지 나에게 집중하는 시간, 여행을 다녀와서 사진을 정리하며 추억하는 시간만으로도 힐링이 되더라고요.

Question 가장 힘든 일은 무엇인가요?

글쎄요, 의외로 취객들을 상대할 일이 많아요. 폭언과 폭력을 일삼는 분들도 종종 계시고요. 오히려 응급 환자를 대할 때보다 그분들을 상대할 때면 힘들다고 느낄 때가 종종 있어요.

그리고 사소한 일로 신고를 해서 출동하는 경우도 많죠. 예를 들면, 애완견을 잃어버리고 마치 사람처럼 신고하는 경우도 있고, 구급차를 본인의 편의를 위해 교통수단으로 이용하려고 신고하는 사람들도 있어요.

일단 신고가 들어오면 해결해 드리는 편입니다. 그렇지만 이런 분들로 인해 정말 위급한 환자분들이 1분 1초의 사투를 겪어야 하는 경우가 발생합니다. 그런 부분들을 꼭 생각하셨으면 좋겠어요.

Question 가장 보람을 느꼈던 때는 언제였나요?

한 번은 계속 코피가 난다고 신고하신 분이 있었어요. 현장에서 응급 처치를 하고 어느 정도 안정을 찾고 난 뒤에 저희에게 서울성모병원으로 가서 치료를 받고 싶다고 하시더라고요. 그분 자택에서 병원이 10km정도 떨어져 있었거든요. 일단 환자분께서 원하시는 것이니 이송을 도와드렸죠. 알고 보니 원래 그 병원에서 치료를 받고 있는 환자더라고요. 그래서 그 병원에서 검사를 하려고 했던 거죠. 병원으로 이송해 드릴 때 저희에게 무척 감사해 하셨어요. 다음날 그 환자의 따님이 인터넷에 저희 소방대원 한 명 한 명의 이름을 써 주면서 칭찬 글을 올려 주었죠. 구급차를 이용한 이후로 도로에서 소방차를 보면 먼저 지나갈 수 있도록 길도 비켜 주어야겠다면서요. 어떻게 보면 저희가 당연히 해야 할 일을 했을 뿐인데 새삼 소방관으로서 뿌듯했죠.

9가지의 힘든 일이 있어도 이렇게 1가지의 보람되는 일이 있다면, 힘든 9가지가 눈 녹듯이 사라져요. 이게 이 일의 매력인 것 같아요.

Question 일을 하면서 안타까워 가슴 아팠던 적은 없었나요?

작년 어린이날 새벽 6시경, 5월임에도 유난히 추웠던 새벽이었어요. '영아가 유기됨.'이라는 지령지를 받고 급하게 출동을 했죠. 신고자는 경찰이었고 현장에 도착해 본 바 상황인즉슨 행인이 주차장에 차를 세우고 걸어가던 중 잔디밭에서 아기 울음소리가 나서 다가가 보니 갓 태어난 신생아가 포대기에 쌓여 있었다는 거예요. 날씨가 추웠던 탓에 구급차에서 내리자마자 아기를 품에 안고 얼른 병원으로 이송했어요. 그렇게 목청껏 울던 아기가 제 품에 안기니 금방 새근새근 잠이 들더라고요. 편지라도 있지 않을까 싶어 포대기를 조심스레 풀어 보니 태어난 날짜만 적혀 있었어요. 태어난 지 4일 밖에 되지 않은 신생아였고, 이름은 없었죠. 병원으로 이송해 주면 저희의 임무는 끝나지만 이상하게 발걸음이 떨어지지 않더라고요.

병원이 신기한지 두리번거리는 아기를 뒤로 하고, 많은 생각에 잠겨 귀소했어요. 하필 어린이날이었던 것이 더 서글프더라고요. 아직까지는 가슴 아픈 출동이라면 그때 그 아기가 제일 먼저 생각이 나네요.

Question # 구급대원으로서 일을 수행하기 위해 어떤 조건이나 마음가짐이 필요한가요?

'이 환자가 내 가족이라면'이라는 마음가짐이 가장 필요해요. 응급 환자라면 더욱 더 양질의 응급 처치를 하기 위해 부단히 노력할 것이고, 비응급 환자라고 하더라도 불평불만하지 않고 최선을 다하겠죠. 이 초심을 잃지 않고 유지하는 것이 더 중요하겠지만요.

Question # 소방관으로서 목표가 있나요?

우선 제가 맡은 구급대원으로서 능력을 인정받고 싶어요. 그러기 위해선 끊임없이 공부해야 하고 끊임없이 현장에 뛰어들어야 하겠죠. 근무 시간 외에 현장에 투입되는 데 한계가 있다면 응급실로 찾아가 직접 배우려는 배포도 필요하다고 생각해요.

또 하나의 바람은 시민들을 대상으로 전문적인 심폐소생술 교육을 하고 싶어요. 단순히 내용만을 보완하는 것이 아니라 연령대에 맞춰 적절하고 효과적인 교수법을 만들어 저만이 할 수 있는 심폐소생술 교육을 해 보고 싶습니다.

심폐소생술을 교육하고 싶은 이유는 심폐소생술이 한 사람의 목숨을 구할 수 있는 응급 처치법이기 때문이에요. 수많은 사람들에게 본인이 이렇게 중요한 역할을 할 수 있다는 것을 알려 주는 것은 정말 값진 기회인 것 같아요. 그렇기 때문에 교육을 하는 시간 동안은 저 역시 진지해지더라고요.

저의 외향적인 성격을 살려 많은 사람들과 소통하고 땀을 내며 일한다면, 저의 앞날에도 큰 시너지 효과를 낼 수 있을 것 같아요.

심폐소생술 교육을 하려면 어떤 준비를 해야 하나요?

특정한 자격증을 갖고 있어야만 심폐소생술 교육을 할 수 있는 건 아니에요. 자격증이 없어도 풍부한 경험을 바탕으로 교육하는 분들도 있지만, 교육의 책임을 증명할 수 있는 자격증을 소유하는 것이 더 좋겠죠. 저는 BLS-인스트럭터라는 자격증을 갖고 있어요. BLS-인스트럭터라는 자격증은 우선 BLS-프로바이더를 취득 후 인스트럭터 과정을 밟아야 하는데 교육자를 선정하는 것이기에 무척이나 까다로워요. 여러 가지 과정들로 이루어져 있기 때문에 최종 취득까지 오랜 시간이 필요하지만 확고한 의지만 있다면 누구든 취득할 수 있을 것이라 생각이 들어요.

Question 정년퇴직 이후에는 어떤 일을 할지 계획하는 게 있나요?

퇴직은 아주 먼 이야기라 구체적으로 생각해 보진 않았지만, 아무래도 지금처럼 교육하는 것을 꿈에 품지 않을까 싶어요. 단순히 커리어를 쌓기 위해서가 아니라, 제가 하는 일에 대해 공부의 필요성을 느끼고 올해 대학원에 진학하게 되었어요. 직장 생활과 학교생활을 병행하기에는 많이 버거울 것이라고 걱정해 주신 분들도 있었지만, 마음이 확고했던 만큼 밀고 나갈 수 있었죠. 심화된 지식을 쌓고 다양한 수업도 경험하며, 소방관 옷을 벗은 후엔 다시 학교로 돌아가지 않을까 싶어요. 구급대원으로서 준비하는 데 있어 제가 후회했던 부분과 아쉬웠던 부분들을 사례로 학생들을 가르치며 보람된 노후를 보내고 싶네요.

Question 직업으로써 소방관의 장단점을 말씀해 주세요.

우선 저희는 3교대가 장점이자 단점인 것 같아요. 새벽에 출동하는 게 힘든 건 사실이거든요. 생활 리듬이 불규칙적이라 적응이 되어도 계속 체력 관리를 해야만 해요. 반면에 팀으로 구성되어 있기 때문에 가족 같은 분위기에요. 그만큼 다른 회사보다 친밀감이 많죠. 우스갯소리지만 가족보다 더 많은 시간을 함께 보내는 팀원들이기에 이야기도 더 많이 나누고, 많은 추억들도 생기죠.

모든 소방관들이 공감하는 부분이겠지만 나의 일을 하면서 봉사를 하고, 보람을 느낄 수 있는 흔하지 않는 직업이라는 생각도 들어요. 하지만 앞에서 말씀드렸다시피 소방관이 아니었더라면 평생 보지 않아도 되었을 장면들을 보게 되고 정신적인 스트레스를 받기도 하죠. 이 부분은 스스로 극복할 수 있는 부분이기에 크게 개의치는 않아요.

Question 쉬는 날에는 무엇을 하나요?

쉬는 날에는 지인들을 가장 많이 만나고, 만나면 주로 맛집 다니는 것을 좋아해 여기저기를 누비고 다닙니다. 틈틈이 운동도 즐겨 하는 편이고, 가능한 많은 문화생활을 누리려 노력하는 편입니다. 때로는 컨디션이 좋지 않을 때 집에서 푹 쉬기도 하고요. 3교대의 장점이라 생각하는 낮 시간과 평일의 여유로움을 활용하고자 근거리 여행도 자주 다닙니다.

Question 소방관을 꿈꾸는 친구들에게 해 주고 싶은 말이 있다면요?

솔직히 말씀드리면 저희 일 자체가 쉽게 케어할 수 있는 정상적인 환자만 만날 수는 없어요. 하지만 저는 구급대원이라는 직업이 예상치 못한 상황에 다양하게 대처해야 하는 다이나믹한 일이기에 참 매력적이라는 생각을 합니다. 또한, 위급한 상황 속에서 아무도 다가갈 수 없을 때, 도움을 요청하고 싶지만 당황해서 아무것도 할 수 없을 때, 가장 먼저 불러 준다는 것에 사명감이 커요. 대담한 용기와 책임감을 갖고 있는 친구들이 소방관에 많이 지원했으면 좋겠어요. 보람되고 뜻 깊은 이 일을 평생 직업으로 생각하신다면 말이에요.

Question 응급 상황에 대처할 수 있는 요령이 있다면 하나만 소개해 주세요.

가끔 어르신들이 음식을 드시던 중에 목에 음식물이 걸리는 경우가 종종 있어요. 음식을 드시던 중 갑자기 목을 부여잡고 말을 하지 못하며 얼굴이 파랗게 된다면 우선 기침을 유도하세요. 기침을 하다가 이물질이 나올 경우도 있거든요.

기침을 유도했는데도 이물질이 나오지 않는다면, 환자의 등 뒤에서 안고 배꼽과 명치 사이를 힘껏 위로 강하게 끌어당겨 주세요. 이것을 '하임리히법'이라고 합니다. 이물질이 나올 때까지 반복하다가 혹시나 환자가 의식을 잃는다면, 즉시 심폐소생술을 시행해야 한다는 것까지 알아두면 좋을 것 같아요. 물론 적절한 시기에 119에 신고도 해야 합니다.

▶ 2012년 서울소방학교 신임자 화재 진압 교육 중

▶ 2012년 서울소방학교 신임자 화재 진압 교육 중

▶ 2012년 서울소방학교 구조구급센터 신임자 구조 교육 후 단체사진

Question 일반인들이 잘못 알고 있는 민간요법이 있다면 바르게 알려 주세요

영유아 관련 구급 출동을 나가 보면 열성 경련을 하는 아기들이 굉장히 많아요. 열성 경련이란 체온이 급격히 올라가면서 면역이 약한 아기들이 견디지 못하고 경련을 동반하는 경우를 말해요. 아기가 경련하는 모습을 보는 것으로도 어머니들은 매우 놀라고 당황하시죠. 아기가 열이 있는 채로 부르르 떠는 모습을 보고, 아기가 추워한다고 생각하여 두꺼운 옷으로 감싸고 있는 분들이 대다수예요. 아기가 열이 있고 경련 증상을 보이면 절대로 두꺼운 옷으로 감싸면 안돼요. 그럴수록 아기의 체온이 높아지기 때문에, 열성 경련을 더욱 유발하게 되거든요.

열성 경련으로 추정이 된다면, 가장 먼저 119에 신고한 다음, 당황하지 말고 아기를 지켜보며 기도가 확보되도록 해 주세요. 경련이 금방 멈추면 열을 떨어뜨리기 위해 아기의 옷을 다 벗기고, 구급차가 오기까지 '테피드 마사지'를 해 주세요. 테피드 마사지는 미지근한 물을 수건에 적셔 아기의 겨드랑이, 사타구니 쪽 등을 부드럽게 닦아 주며 깊숙한 부위의 체온을 떨어뜨려 주는 것으로, 병원으로 도착하기 전까지 아기의 열을 떨어뜨리는 데 큰 도움이 될 거예요.

CAUTION // CAUTION // CAUTION //

FIREMEN

2002년도에 육군 특수전 사령부 예하 제3공수 특전여단에 입대해서 2007년도까지 근무하였고, 제대한 후 민간 경호 업체에서 일을 하다가 회의감을 느끼고 그만두었다.

여행 겸 떠난 필리핀의 매력에 빠져 3년간 스쿠버 다이빙 강사 겸 리조트 운영을 하며 지냈다. 그러던 중 세계 경기 악화로 하던 일에 경제적 불안함을 느끼고 한국으로 돌아왔다.

다이빙 장비 무역회사에 취직해 회사 생활을 하던 중 공교롭게 몇 번의 사고 현장을 접하면서 직접 응급 처치를 하게 되었다.

그때 사고자를 인계하면서 본 구급대원들의 모습이 어릴 적 영화에서 본 슈퍼맨의 모습과 오버랩되면서 소방관이 되기를 결심하였다.

2012년도에 구조 분야 경력 경쟁 채용 시험에 합격하여 소방관이 되었고, '항상 지금보다 나은 구조대원'이 되기 위해서 노력하고 있다.

- -

부천소방서 119구조대 구조대원

지창민 반장

- 현) 부천소방서 119구조대
- 2012년 6월 경기 소방 배명

소방관의 스케줄

지창민
부천소방서 구조대원의
하루

06:00 ~ 08:30
▸ 출근 준비 및 아침 식사
08:30 ~ 09:00
▸ 출근, 야간 근무조와 인수인계, 구조 장비 및 차량 점검

09:00 ~ 10:00
▸ 아침 조회, 출동 개시 준비, 훈련 계획 준비, 훈련 시설 마련, 청사 보수 관리

10:00 ~ 12:00
▸ 행정 업무(훈련 보고, 예방 조사) 및 구조 출동 대기
12:00 ~ 13:00
▸ 점심 식사

13:00 ~ 15:00
▸ 구조 현장 출동
15:00 ~ 17:30
▸ 현장 출동 관련 일지 작성 등 행정 업무, 구조 출동 대기

17:30 ~ 18:00
▸ 야간 근무조와 교대 점검, 인수인계
18:00 ~ 20:00
▸ 퇴근 및 저녁식사
20:00 ~ 21:30
▸ 운동

21:30 ~ 23:30
▸ 가족과의 시간, 휴식
23:30 ~ 06:00
▸ 수면

별명이
방범대원이었던
학창 시절

▶ 군 복무 시절

▶ 특전사 강화 훈련 중 공중 침투

▶ 특전사 훈련을 마치고, 전우들과 함께

어린 시절 꿈이 무엇이었나요?

어린 시절부터 직업 군인이 꿈이었어요. 그 중에서도 비행기가 타고 싶어 전투기 조종사가 되고 싶었어요. 그래서 공군사관학교에 들어가려고 했죠. 그런데 비행기를 조종하는데 공부를 그렇게 잘해야 하는지 몰랐어요. 하하. 그 이후에 비행기를 조종할 수 있는 모든 방법을 알아 봤지만 결국 찾지 못했어요. 그래서 비슷하다고 생각되는 특전사에 들어갔습니다. 특전사에서도 비행기를 타는데, 비행기에서 뛰어내리는 게 주 훈련이더라고요. 하하.

Question **어린 시절에는 어떤 학생이었나요?**

공부는 조금 못했어도 학교생활에 문제를 일으킨 적이 없다는 것이 지금도 떳떳해요. 선생님 말씀은 무조건 잘 들었어요. 어릴 때부터 해야겠다고 마음먹으면 반드시 하는 성격이었거든요. 지금도 학교 은사님들을 종종 찾아뵙곤 하는데, 처음 소방관이 되어 찾아갔을 때 제 손을 잡고 우시는 선생님도 계셨어요.

친구들 사이에서 제 별명이 '동네 방범대원'이었어요. 나쁘다고 생각되는 것을 보면 참지 못하는 성격이라 학생들이 교복을 입고 담배를 피거나 잘못된 행동을 하는 것을 바로잡으려고 관여했어요. 제 생각에 맞지 않는 것도 어떨 땐 '맞다.'라고도 해야 하는 것이 사회생활인 걸 알지만, 저는 그렇게 하는 게 여전히 쉽지 않더라고요. 그래서 처음에 사회생활을 하며 애도 많이 태웠어요.

또, 무시당하는 것이 싫어 가정 형편이 어려운 것을 드러내지 않으려고 돈이 없어 밥을 못 먹으면서도 밥 대신 과자가 먹고 싶은 척했어요. 가장 양이 많은 과자를 사서 배를 채우곤 했어요.

비록 어려운 환경에서 자랐지만 저는 매우 긍정적인 성격이에요. 건강 검진 항목 중 하나로 스트레스성 검사를 했는데, 간호사 분들이 저에게 "엄청 긍정적인 분인가 봐요! 이런 분은 처음 봤어요."라며 웃으시더라고요.

반면에 많이 소심하기도 합니다. 내 행동이나 말이 누군가에게 상처가 되지 않을까 혼자 뒤에서 끙끙 앓는 성격이에요. 물론 겉으로는 티도 내지 않고 늘 웃으려고 하지만요.

소방관이 되기 전 어떤 일을 했나요?

　군 제대 후 경찰관이 되면 어떨까 생각했어요. 특수 부대를 나왔으니 영화에서처럼 청와대에서도 일해 보고 싶다는 생각을 막연히 한 적이 있었거든요. 알아보니 청와대를 지키는 경찰이 따로 있더라고요. 정확히 말해 청와대 외곽을 경호하는 경찰인 거죠. 그래서 청와대 경찰을 목표로 경찰 학원을 다니며 공부를 시작했어요. 하지만 경찰 시험을 준비하더라도 생활비를 벌기 위해 일을 병행해야 했어요.

　그래서 들어간 곳이 민간 경호 업체였는데, 막상 들어가 보니 제가 기대했던 민간 경호 업체의 모습과 많이 달랐어요. 회사에 들어가 처음으로 경호 일을 나간 곳이 어느 기업의 체육 대회였어요. 아무 것도 모른 채 일을 하러 갔는데 마스크를 하나씩 주며 얼굴을 가리라고 하더군요. 알고 보니 회사에서 비정규직 직원들을 해고한 뒤 열리는 행사라 해고당한 비정규직 직원들이 체육관 밖에서 시위를 못하도록 하기 위해 저희를 투입한 것이었어요. 경호원으로서의 첫 번째 일은 부당하게 해고 당하고 시위하는 사람들을 무력으로 제지하는 일이었어요. 처음에는 '소란을 피우는 사람들이 잘못이지.'라는 생각에 그들을 제지하다가 곧 여러 가지 생각이 들었어요.

　'이것이 과연 맞는 일인가? 경호원은 사람들을 지키는 사람이 아닌가? 나는 왜 지금 약자가 아닌 강자의 편에 서 있나?', '내가 정당하지 못한 일로 무고한 사람에게 상처를 줄 수도 있겠구나.'라는 생각이 들어 바로 일을 그만두었어요. 제대 후 처음 한 일이었는데, 돈은 한 푼도 못 받고 나왔어요.

　그리고는 '이제 뭘 해야 하지?'하고 고민할 때, 군대 동기와 바람이나 쐬자는 생각에 처음으로 해외여행을 갔어요. 그곳이 필리핀이었죠. 여행을 간 김에 필리핀에서 일을 하던 군대 선배를 보러 갔는데, 스쿠버 다이빙 강사로 일하고 있더라고요. 그 선배가 스쿠버 다이빙을 한 번 해 보라고 했지만, 저는 군대에서의 혹독한 해상 훈련으로 인해 물에 대한 좋지 않은 기억이 있어 거절했죠. 자꾸 권유하기에 '과연 내가 할 수 있을까?' 반신반의하며 한 번 해 봤어요. 그런데 이게 웬일이에요? 재미있기도 하고 묘한 기분, 정말 신선한 충격이었어요. 여행을 마치고 한국에 돌아와서 욕조에서 다이빙하는 꿈을 꿨어요. 하하. 스쿠버 다이빙이 자꾸 머릿속에 맴돌아 '내가 가진 게 없는데 어떻게 시작하지?'라는 고민을 수없이 했어요. 고민 끝에 그 선배에게 고민을 털어놓았어요.

"너무 하고 싶은데 가진 게 없어서 어디서부터 시작해야 할지 모르겠어요."

"뭘 그런 걸로 고민하고 있어? 일단 와."

선배의 말에 용기가 생겨 비행기 표만 끊어 필리핀으로 갔어요.

우여곡절 끝에 스쿠버 다이빙 강사 일을 시작했고, 다른 사람을 가르치는 것에 보람을 느꼈어요. 그렇게 1, 2년 동안은 거의 하루도 쉬지 못하고 바쁘게 일을 했습니다. 그렇게 직업적 안정을 찾아가고 있었는데, 2008~2009년쯤 전 세계적으로 경기가 악화되면서 관광객이 줄어들고, 스쿠버 다이빙에 대한 수요도 현저히 줄어들었죠. 당시 3일 동안 햄버거 1개를 먹으며 버티기도 했어요. 제가 좋아서 시작한 일이라 '힘들면 어때?'라는 생각으로 참았는데, 문득 훗날 가족이 생겼을 때 이렇게 경제적으로 어려워진다면 어떻게 해야 할지 막막하더라고요. 가족이 생기면 지금처럼 그저 버틴다고 될 일이 아니라고 생각했죠. 그래서 필리핀 생활 3~4년 만에 한국으로 돌아왔습니다.

한국으로 돌아온 뒤에는 닥치는 대로 일을 했어요. 사교 클럽에서 아르바이트도 해 보고, 소방관 시험을 준비하면서는 스킨스쿠버 장비 무역 회사에서도 일했죠.

Question ## 소방관되고자 결심한 계기는 무엇인가요?

길을 지나다 어려움에 처한 사람을 보게 되는 일들이 종종 있었습니다. 그 때마다 묘한 감정들을 경험했죠.

어느 날은 도로에서 차가 불에 타고 있는 모습을 보게 됐어요. 사람들은 주변에 모여 구경을 하거나 사진을 찍고 있더군요. 사람들에게 차 안에 사람이 있는지 물어봤더니 다들 모른다고만 하더라고요. 사람이 있을지도 모른다는 생각에 망설임 없이 차로 달려들었어요. 앞, 뒤, 트렁크까지 문을 열어 보고 아무도 없는 것을 확인했습니다. 그러자 안도의 한숨과 함께 다리에 힘이 풀려 주저앉았습니다. 가슴이 계속 뛰더라고요.

또 한 번은 취미로 나간 마라톤 경기 도중 옆에서 함께 달리던 한 아저씨께서 심장마비로 쓰러지셨어요. 스킨스쿠버 강사로 일할 당시 배웠던 심폐소생술로 응급 처치를 바로 시도했습니다. 곧 구급차가 도착해 병원으로 이송했지만 그날 저녁 사망했다는 소식을 들었습니다. 알 수 없는 허탈함과 무심히 지나치던 사람들에 대한 원망 등 많은 생각들이 스쳐

응급 처치 경험이
소방관의
길로 이끌다

▶ 스쿠버 다이빙 훈련 사진

▶ 스쿠버 다이빙 훈련 사진

▶ 스쿠버 다이빙 훈련 전 동료들과 함께

지나가더라고요. 그리고 여러 생각 끝에 도움이 필요한 사람들에게 '짠'하고 나타나 도움의 손길을 내미는 슈퍼맨 같은 소방관이 되자고 결심했어요.

당시 스쿠버 다이빙 단체의 사무국장으로 제안이 들어온 상태였는데, 그 일은 제가 좋아하는 일이지만 언제라도 할 수 있다는 생각이 들었고, 소방관은 지금이 아니면 할 수 없을 것 같다는 생각이 들어 소방관의 길을 택했습니다.

Question 회사를 다니며 시험을 준비하면 많이 힘들었을 것 같은데요?

무역 회사에서 근무할 당시 집이 인천이었고, 회사는 그 반대편 서울의 끝에 있었어요. 5시에 집을 나서도 출근 시간만 2시간 30분이 걸렸고, 퇴근하고 집으로 돌아오면 11시가 되어 지쳐 잠들어 버리기 일쑤였죠.

그렇게 1년 정도 일을 하던 중, 평소 저의 멘토인 익스트림 스포츠 분야의 방창석 님과 대화를 나누다 크게 반성하고 일을 그만뒀어요. 저에게 "도전을 완성하는 데 필요한 게 뭐라고 생각해? 가장 중요한 건 절실함이야."라고 말씀하시더라고요.

이 말을 듣는 순간 '나에게 정말 중요한 것은 무엇이며, 내가 그동안 얼마나 절실했는가?'라는 생각이 들며, 이렇게 하다가는 영원히 소방관이 될 수 없겠더라고요. 그래서 바로 일을 그만두고 방문 걸어 잠그고 공부만 했어요. 그 결과 두 달 반 만에 소방관 시험에 합격할 수 있었습니다.

Question **소방공무원 시험을 준비하는 학생들에게 도움이 될 만한 것이 있을까요?**

1차 필기시험의 경우, '공부는 하루에 몇 시간씩 해야 합격할 수 있나요?'라는 질문을 많이 받는데요. 저는 공부하는 시간보다 얼마나 또렷한 정신으로 집중해서 공부를 하는가가 중요한 것 같아요. 물론, 개인적으로 차이가 있겠지만요.

시험 준비한다는 학생들의 대부분이 일단 노량진 고시촌으로 모이죠. 저도 처음엔 노량진으로 갔는데, 어떤 사람들은 낮에 공부하는 시간을 어영부영 보내고, 밤에는 술집, 당구장에 자리가 없을 정도로 놀기 시작해요. 그런 분위기를 보고 휩쓸리지 않으려고 전 집에서 혼자 공부했어요.

구조 분야의 경력 경쟁 채용 같은 경우에는 가장 중요한 것이 2차 체력 시험일 수도 있어요. 지원자들의 대부분이 체력 수준이 비슷해서 60점 만점에서 보통 58~60점을 받아요. 그러니 '얼마나 빨리 시험 현장에 적응하는가?'가 관건이에요. 그것이 점수를 높이는 데 도움이 되더라고요. 첫 시험 때 안일한 자세로 임했다가 과락이 났던 적이 있어요. 같이 시험 치던 사람들에게 얼마나 창피하던지…….

4차 면접시험은 블라인드 면접을 봐요. 면접관과 지원자는 서로에 대해 전혀 모르는 상태에서 진행되죠. 그런 상황에서 왜 소방관이 되고 싶은지에 대한 질문을 받고, 학연, 지연에 대한 정보를 답변 중에 노출했을 시엔 감점을 받는다고 해요.

또, 일대일 면접(개인 면접), 다수 대 다수 면접(집단 면접), 실제 현장 업무에 대한 면접을 보게 돼요. 저 같은 경우에는 같이 면접을 했던 조에서 저를 제외하고 나머지 사람들은 스터디 모임을 만들어 같이 준비했던 사람들이었어요. 준비를 많이 한 만큼 답변을 잘한 것도 있지만, 반면 예상할 수 없었던 질문에 대해선 당황해 하더라고요. 그러니 열린 마음으로 준비하는 게 중요해요.

▶ 긴급 구조 종합 훈련 당시

뜨거운 불길을
헤치고 생명을 구하는,
나는야 소방관

하수구 맨홀 추락 사고 구조 현장

▶ 가상 화재 훈련 시 장비를 착용하고

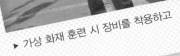

FIRE EXIT

▶ 싱크홀 사고 대처 훈련 중 수평 수직 구조 훈련

Q Question · 현재 맡은 업무는 무엇인가요?

저는 2012년도에 구조 분야 경력 경쟁 채용 시험에 합격했고, 올해로 3년차 소방관입니다.

소방서의 주 업무는 출동, 검사, 훈련, 행정이라고 말할 수 있어요. 구조 출동이 항상 있는 것이 아니고, 많을 땐 많고 없을 땐 없는 등 대중이 없기 때문에 출동이 없을 때는 다른 여러 가지 일들을 하죠. 훈련을 하기도 하고, 외부 건축물의 소방 시설에 소방 검사를 나가기도 합니다. 그 밖에도 처리해야 할 행정 업무가 많습니다.

Q Question · 소방관 업무에는 어떤 분야가 있나요?

소방관이라고 하면 대부분의 사람들은 불을 끄는 사람이라고 생각하지요? 소방관은 크게 3분야, 즉 화재를 진압하는 화재 진압팀, 구급차를 타고 출동해 현장에서 응급 환자를 처치하고, 병원으로 이송하는 구급팀, 각종 인명 사고에서 사람을 구조하는 구조팀로 나뉩니다. 인명 사고란 화재, 교통사고, 산악 사고, 수난 사고, 승강기 사고, 공장 기계 사고, 어린이 안전사고 등으로 사람이 죽거나 다치는 모든 사고를 말합니다.

Q Question · 구조대원의 업무 어떻게 진행되나요?

출동 지령이 떨어지면 바로 출동을 합니다. 출동하는 차 안에서 상황실과 무전으로 통화하며 출동 내용을 바탕으로 팀원들끼리 구조 활동에 대해 토의를 합니다. 다양한 형태로 사고가 발생하므로 이때 소방 지식과 상황 판단력이 빛을 발하게 되죠. 현장에 도착해 요구조자를 구조한 후 구급대원들에게 인계하면 구조대의 역할은 끝이 납니다.

소방관이 되고 첫 업무는 무엇이었나요?

저는 소방학교에서 6개월간 신규 임용자 교육을 받은 후 현장에 투입됐어요. 제가 처음 출동한 곳은 인근 관내에서 발생한 큰 공장의 화재 현장이었어요. 제가 근무하는 부천 소방서로 지원 요청이 들어와 국장님과 제가 출동했죠. 어마어마한 불길로 인해 말로 표현할 수 없이 뜨거웠어요. 화재 현장 안에 사람이 있는 것 같다고 해서 저와 국장님이 불길을 뚫고 건물 안으로 들어갔는데, 그분은 이미 사망한 상태였어요. 그 형상이 아직도 기억납니다.

충격적인 사건들을 계속 접하면서 두려움이나 충격에 무뎌지는 것을 보고, '소방관이 천직이구나'라는 생각도 들지만, 자다가도 깜짝깜짝 놀라서 깨는 경우도 있어요.

소방관이 되고 한 일에 대해 소개해 주세요.

구조대이지만 화재가 발생하면 진압 활동도 같이 해요. 구조대가 최일선에 나서서 일하는 현장이 바로 화재 현장이에요. 화재 현장에 구조를 기다리는 사람이 있는지 직접 들어가서 찾아봐야 하므로 구조대가 최일선에 나서는 것이죠. 인명 구조를 다하고 난 이후에 화재 진압을 시작해요.

보통, 불을 먼저 끄는 것이 화재 발생 장소에 있는 사람들에게 더 도움이 되지 않을까 생각하지만, 인명 구조가 우선시되는 이유는 사우나를 생각하면 돼요. 사우나에 들어갈 때 뜨거운 열기로 인해 갑자기 숨이 턱 하고 막히는 느낌 아시지요? 그와 마찬가지로 불을 끄려고 물을 뿌리면 순식간에 수증기가 차오르면서 주변 온도가 4~500℃까지 오릅니다. 그 온도 때문에 요구조자들이 바로 질식사할 수도 있어요.

저도 처음에는 무서웠어요. 소방관도 보통 사람이라 높은 곳에 올라가면 무섭기도 하고, 현장의 온도가 높이 올라가면 뜨겁죠. 하하.

한 번은, 신고를 받고 화재가 난 가정집에 도착했는데, 문을 개방하고 들어가려는 순간 밑에서부터 '웅~'하는 소리와 함께 불이 갑자기 주변을 가득 채우더라고요. 이런 현상을 플래시오버 현상(건축물의 실내에서 화재가 발생하였을 때 발화로부터 화재가 서서히 진행되다가 어느 정도 시간이 경과함에 따라 대류와 복사 현상에 의해 일정 공간 안에 열과 가연성 가스가 축적되고, 발화 온도에 이르게 되어 일순간에 폭발적으로 전체가 화염에 휩싸이는 현상) 이라고 해요. 순간 일어난 일이라 처음에는 무서웠는데, 오랜 기간 같이 훈련한 팀원들에 대한 신뢰가 있다 보니 무서움은 곧 사라지더라고요.

▶ 첫 화재 현장에서 복귀 후 한 컷

얼마 전 마그네슘 공장에서 화재가 발생해 출동한 적이 있었어요. 마그네슘은 물이 닿으면 폭발하는 성질이 있어요. 그때는 물을 뿌리면 안 되니까 모래를 날라서 부었던 경험도 있어요. 그때 체력적으로 너무 힘들었어요.

저는 요즘 다양한 구조 현장에 대처하기 위한 더 나은 구조 기법과 지식을 익히기 위해 SNS를 통해 국내, 해외에 소방관들과 활발히 소통하며 정보를 주고받고 있어요.

Question 소방관의 근무 형태는 어떻게 되나요?

근무는 보통 3교대로 운영하며, 저희 부천 소방서에서는 21일에 한 번씩 교대 근무가 바뀌는 21주기 3교대로 근무합니다. 일주일은 주간 근무(9시~6시), 다음 일주일은 야간 근무(6시~다음날 9시), 주말 중 하루는 24시간 근무합니다.

Question 근무지는 어떻게 정해지나요?

소방공무원으로 합격을 하고, 소방학교를 졸업할 때쯤 자신이 원하는 지역으로 신청을 하는데, 해당 소방서에 지원자가 몰리면 성적순으로 배정한다고 알고 있어요.

기억에 남는 구조 현장이 있나요?

기억에 남는 사고 현장은 얼마 전 벽돌과 흙으로 만들어진 오래된 가건물에서 화재가 발생한 현장이었어요. 이렇게 벽돌과 흙으로 만들어진 건물은 열이 올라 있는 상태에서 물을 뿌리면 흙이 물을 머금으면서 약해져서 무너져 내릴 수 있기 때문에 물을 뿌려 진압할 수가 없어요.

▶ 실물 화재 훈련 사진

불을 끄기 위해서는 불이 발생한 화점을 파악하는 것이 우선이라 구조대가 가지고 있는 열화상 카메라로 화점을 찾으러 들어가려고 문을 여는데, 밀폐된 공간에서 작은 불씨로 타고 있다가 문을 여는 순간 대량의 산소가 유입되면서 폭발이 일어나는 백드래프트 현상이 일어나는 거예요. 너무 뜨거워서 팀원을 잡고 얼른 후퇴해야 했습니다.

그 외에도 약물 중독자가 흥분한 상태에서 흉기를 들고 위협하는 것을 제압한 현장도 있고요, 정신 착란을 일으킨 할머니가 아파트 고층에서 집 문을 걸어 잠그고, 베란다에서 화분이나 집기를 행인들과 차량을 향해 던져서 로프를 타고 베란다로 진입해 제압한 현장도 있습니다.

정신적 피로는 어떤 방법으로 해소하나요?

군 시절부터 주위 사람들이 다치거나 사망하는 경우를 종종 봐왔기 때문에 저는 무덤덤해졌다고 생각했는데, 몇 해가 지나니까 그런 것들이 정신적 스트레스로 쌓이더라고요. 그래서 저는 크로스핏, 사이클, 스쿠버 다이빙 같은 격렬한 운동을 하며 해소해요.

안타까워 가슴 아팠던 사건,
사고는 없었나요?

참혹한 현장보다는 사건이 발생한 안타까운 사연 때문에 마음이 쓰이는 일들이 있어요. 야간 근무를 하던 어느 날, 할머니가 집 열쇠를 잃어버리고 집 밖에서 추위에 떨고 계시다는 신고를 받고 출동했는데요. 그날 굉장히 추운 겨울이었어요. 어렸을 때 저를 키우셨던 분이 할머니셨어요. 그 할머니를 보는데 저희 돌아가신 할머니가 생각나더라고요. 자물쇠를 부수고 문을 열어드렸더니 고맙다며 요구르트를 챙겨 주시더라고요.

그 할머니 생각이 나서 다음날 문을 여느라 망가진 자물쇠 대신에 제가 직접 사다가 고쳐드렸어요. 그 이후로 가끔 찾아가서 인사드리기도 해요. 혼자 사신다는 이야기를 듣고 나니까 더 마음이 쓰이더라고요.

보통은 열쇠 집에 요청해야 할 일들을 119로 신고하냐고 따끔하게 말씀드리기도 해요. 소방관들의 도움을 악용하는 사람들이 있기 때문이에요. 그런데 그날 할머니의 모습을 보는 순간 오죽하면 열쇠 집에 전화를 못하고 저희를 불렀을까 생각하니까 너무 마음이 아프더라고요.

소방관으로서 언제 자부심을 느끼나요?

소방차를 타고 지나가는데 사람들이 '화이팅', '고맙습니다.'라고 한 마디씩 해 주실 때가 있어요.

소방차를 운전하면서 옆을 봤더니 쿵쾅쿵쾅 음악을 크게 튼 빨간 외제차가 있는 거예요. 예전에 나도 그런 차를 타고, 저렇게 살고 싶다는 생각을 했는데, 요즘 그 희망이 이뤄졌네요. 사이렌 소리를 울리는 커다란 빨간 차, 소방차요. 하하.

Question 소방관으로서 힘든 점은 무엇인가요?

늘 긴장하고 살아야 한다는 거요. 출동 벨이 울리면 자다가도 일어나서 현장으로 출동하는데, 그게 오인 신고거나 장난 전화이면 긴장이 풀리면서 허무해져요. 큰 사고가 그리 많진 않지만 우리는 그 한 번을 위해 존재하는 사람입니다. 그러고 보면 소방관이라는 직업이 참으로 아이러니한 직업인 것 같아요. 소방관이 필요 없는 세상을 만들기 위해 노력하는 직업이죠.

제가 특별히 힘든 것은 없지만, 저로 인해 주변 사람들이 힘들어 할 때는 마음이 많이 아파요. 소방관은 위험한 직업이다 보니 무사히 돌아오기를 기다리는 사람들 입장에서는 힘들 거예요. 저도 그것을 아니까 힘들 때가 있어요.

또, 힘들다기 보다 짜증이 날 때도 있습니다. 출동을 나갔는데 하인 부리듯이 소방관을 막 대하는 경우도 있어요.

예를 들면, 교통사고 현장에 출동했는데, 한쪽은 정신을 잃고 생명이 위독한 상황이고, 다른 한쪽은 경상을 입은 상황이었어요. 그래서 당연히 위독한 환자를 먼저 처치하고 있는데, 경상을 입은 쪽에서 자신부터 봐달라며 욕을 하시더라고요. 그럴 땐 저도 사람인지라 화가 나기도 합니다.

Question 소방관이라는 직업에 적합한 성향이나 자질은 무엇일까요?

선배들은 '무작정 용감하면 안 된다.'고 말씀하세요. 의욕이 너무 앞서면, 스스로 뒤돌아보지 않고 무작정 뛰어들어 사고를 당하는 경우가 많기 때문이죠.

기본적으로 소방관을 꿈꾼다면, 잘못된 것을 보고도 그냥 지나치는 사람보다는 잘못된 것을 바로잡으려는 사람이었으면 좋겠어요. 주변에 어려운 사람들이 있으면 손 한 번 내밀 수 있는 사람이요. 저희들이 사고 현장에 도착하기 전에, 그저 모른 채 지나치거나 구경만 하는 사람들보다는 한 번 관심을 보일 수 있는 사람들, 꼭 다친 사람이 아니더라도 어려운 사람들에게 관심을 갖는 사람들이 소방관이 되는 것이 맞다 생각합니다.

▶ 부천소방서 선배, 동료 구조대원들과

'나에게 아무것도 줄 수 없는 사람을 만났을 때 그 사람을 어떻게 대하느냐?'가 나의 인격이라는 말을 들은 적이 있습니다. 어려움에 처한 사람들은 나에게 아무것도 줄 수 없다는 것을 알지만 내가 조금이라도 따뜻하게 대해 줄 수 있는 사람이라면 인격적으로 성숙한 사람이라고 할 수 있겠죠.

"군 시절부터 체력이 약하다는 지적을 받았는데, 한 번은 요구조자를 구조하던 중 힘에 부쳐 애를 먹었던 경험이 있어요. 어떻게 하면 체력을 기를 수 있을까 고민하다가 술과 담배를 끊었어요. 그리고 크로스핏이라는 운동을 시작했습니다. 일부러 소방 장비와 옷을 다 착용하고 운동을 합니다. 제가 강해져야 요구자들이 저를 의지할 수 있으니까요."

Question 앞으로의 목표가 있다면 무엇인가요?

아직 많이 부족하기 때문에 지금은 선배들에게 열심히 배워서 내가 알고 있는 것을 누군가에게 가르쳐줄 수 있을 정도가 되고 싶어요.

▶ 장마철 수난 사고 대비 구조 훈련 중

Question 소방관으로서 이루고 싶은 꿈이나 목표가 있나요?

천안함 사건과 세월호 사건을 겪으면서 소방 구조 분야 중 수난 사고에 전문가가 되고 싶다는 생각을 했어요. 제가 잘할 수 있고 좋아하는 일인데, 할 수 있는 일이 많지 않더라고요. 그때 너무 안타까웠어요. 그래서 깊은 수심에서도 고도의 기술을 가진 구조대원으로 활동할 수 있게 개인적으로 많은 준비를 하고 있어요.

Question 이직이나 전직을 생각해 본 적이 있나요?

소방관 말고 이직을 생각해 본 적이 없어요. 제가 잘할 수 있고, 보람을 느끼며, 무엇보다 즐기면서 할 수 있는 일이기 때문에 구조대원으로서의 삶에 만족하고 있어요.

Question 정년퇴직 이후에는 어떤 일을 할지 계획하는 게 있나요?

스쿠버 다이빙 분야의 일을 할 것 같아요. 많은 사람들에게 스쿠버 다이빙을 가르치고, 세계 여러 바다 속을 탐험하고 싶어요. 제가 가 보고 싶은 100여 곳에 포인트를 찍어 놓은 지도가 있어요. 지금 그중에서 포인트 3개를 지웠어요.

"군 시절부터 체력이 약하다는 지적을 받았는데, 한 번은 요구조자를 구조하던 중 힘에 부쳐 애를 먹었던 경험이 있어요. 어떻게 하면 체력을 기를 수 있을까 고민하다가 술과 담배를 끊었어요. 그리고 크로스핏이라는 운동을 시작했습니다. 일부러 소방 장비와 옷을 다 착용하고 운동을 합니다. 제가 강해져야 요구자들이 저를 의지할 수 있으니까요."

어릴 때 야구공에 맞아 생사를 오간 적이 있었다. 그때 이후로 부모님과 주위 사람들에게 걱정 끼치지 않으려고 건강을 위해 운동에 신경 썼다.

고등학교 때에는 운동을 할 수 있고 남자다움이 드러날 수 있는 군인이 되고자 해군사관학교에 지원했으나 합격하지 못해 한동안 좌절했었다. 그 마음을 극복하고자 호주 워킹홀리데이를 갔고, 그곳에서 영어에 대한 자신감을 안고 돌아왔다.

친구들이 제대를 할 즈음, 군 입대에 대한 고민을 하다 의무소방으로 입대했다. 그 시절 소방 업무를 경험해 보고, 소방관이라는 직업의 매력에 빠졌다.

소방 공무원이 된 후 철저한 자기 관리와 보이지 않는 곳에서 묵묵히 자신의 일에 최선을 다한 결과 우수 교관 양성 프로그램에 선발되어 미국에서 6개월 동안 훈련을 받았다.

현재 경기소방학교 교육팀의 교관으로 있으며, 풍부한 현장 경험과 이론 지식을 후배와 동료 소방사들에게 전하고 있다.

- -

경기소방학교 교육팀
양재영 교관

- 현) 경기소방학교 교육팀
- 안양소방서 119구조대
- 2006년 12월 경기 소방 배명
- 2002년 전주 덕진소방서 의무소방 복무

소방관의 스케줄

양재영
경기소방학교
교육팀 교관의
하루

21:30 ~ 23:30
▸ 가족과의 시간, 휴식
23:30 ~ 06:00
▸ 수면

06:00 ~ 08:30
▸ 출근 준비 및 아침 식사

18:00 ~ 20:00
▸ 퇴근 및 저녁 식사
20:00 ~ 21:30
▸ 운동 및 취미 활동

08:30 ~ 09:00
▸ 소방학교 출근
09:00 ~ 10:00
▸ 교육 준비 및
  시설 점검

13:00 ~ 16:00
▸ 신규 임용자 대상 이론 수업
  진행(화재 전술, 구조 기법 등)
16:00 ~ 18:00
▸ 행정 업무 및 교육
  자료 준비

10:00 ~ 12:00
▸ 신규 임용자 대상 체력 훈련
12:00 ~ 13:00
▸ 점심 식사

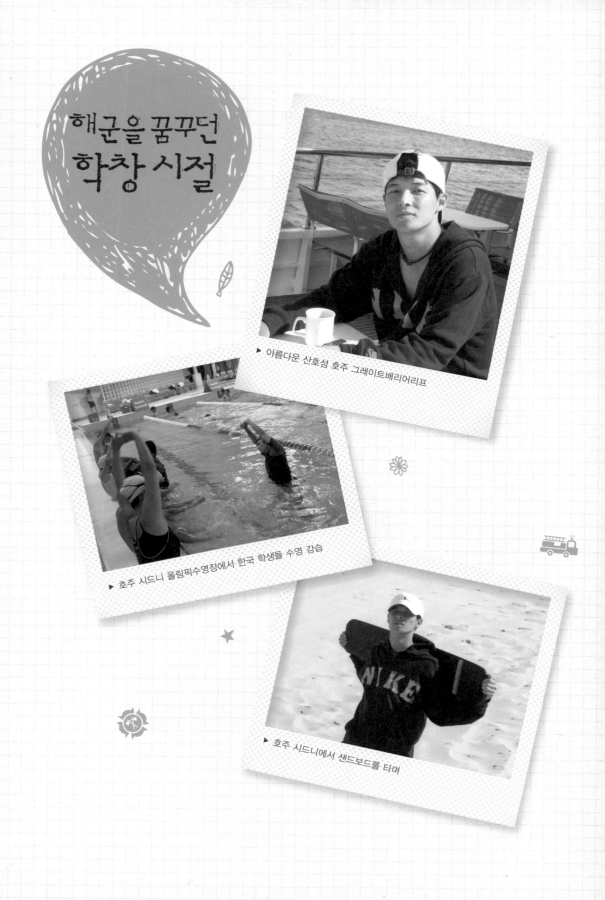

해군을 꿈꾸던
학창 시절

▶ 아름다운 산호섬 호주 그레이트배리어리프

▶ 호주 시드니 올림픽수영장에서 한국 학생들 수영 강습

▶ 호주 시드니에서 샌드보드를 타며

학창 시절에는 어떤 학생이었나요?

학창 시절에 공부를 그다지 잘하는 편이 아니어서 고등학교에 들어가서는 많이 노력을 해야 했죠. 그러다 1학년 때 처음 본 중간고사에서 기대 이상의 성적을 거두면서 '아! 나도 노력하면 되는구나.'라는 것을 알았어요. 노력의 결과를 눈으로 확인할 수 있어 더 열심히 하는 계기가 되었죠.

고등학교 시절 '다이렉트'라는 축구 동아리 활동을 했어요. 저는 골을 넣는 것보다 골을 넣는 친구를 위해 멋진 패스를 하는 데 매력을 느껴 공격형 미디필더를 했어요. 그때 뜻이 통하는 친구들을 많이 사귀게 되었고, 팀워크에 대한 중요함도 알게 되었죠.

고등학생들만 참여할 수 있는 동아리 대항 5:5 아마추어 풋살 대회에서 나갔다가 8강까지 올라가면서 페어플레이 상을 받았던 좋은 기억이 있네요.

유독 운동을 좋아했던 이유가 있나요?

제가 초등학교 때 야구 경기를 구경하다가 야구공에 맞은 적이 있어요. 피도 많이 흘리고 생사를 왔다 갔다 했을 정도로 심하게 다쳤어요. 두 달 정도 입원을 했었는데, 부모님과 주변 사람들이 괴로워하는 모습을 보고, 그때부터는 절대 아프지 말아야겠다는 생각을 했어요. 지금도 건강을 챙기려고 노력하고, 몸에 좋지 않는 것은 하지 않는 편이에요.

또, 해군사관학교 입학을 준비하면서 다녔던 트레이닝 센터 트레이너의 영향을 받았어요. 그 당시에는 그냥 운동이 좋아서 열심히 할 뿐이었는데, 트레이너가 전문적이고 효과적으로 운동하는 방법을 잘 알려주셔서 많이 배웠죠. 그때 배운 것들이 긴박한 상황 속에서 현장 업무를 해야 하는 저에게 많은 도움들이 되고 있어요.

Question 어떤 성격이고, 어떤 분야에 흥미가 있었나요?

수학을 좋아하는 학생이었어요. 정확한 답이 나온다는 것, 다양한 과정을 통해서 답을 도출할 수 있다는 것, 문제를 풀기 위해 고민하는 과정이 즐겁다는 게 제가 수학을 좋아했던 이유였어요. 수학의 이런 점이 다양한 현장 상황, 다양한 장비, 다양한 화재 전술, 다양한 구조 기법을 고려해야 하는 소방관 업무에도 많은 도움이 되는 거 같아요.

영어도 좋아했는데, 단어 하나에 여러 가지 의미를 가지고 있는 단어를 익히고 새로운 언어로 말할 수 있는 게 흥미로웠어요.

Question 학창 시절에 꿈은 무엇이었나요?

저는 운동과 단체 활동을 좋아해서 남자다움이 드러나는 직업을 원했어요. 또 막연하게 제복을 입는 직업을 동경했던 것 같아요. 그래서 해군사관학교를 지원했는데 합격을 하지 못했어요. 준비를 많이 한 만큼 좌절도 컸죠.

저는 일반 대학으로의 진학은 생각하지 않고, 해군사관학교 입시에만 매달렸던 터라 다른 대학을 진학하는 데 큰 욕심이 없는

▶ 호주 워킹홀리데이 시절

편이었어요. 그렇게 성적에 맞추어 진학하게 된 곳이 호텔경영학과였습니다. 호텔경영학을 전공하며 호텔 업무도 실습해 보고, 관련 영어도 배웠습니다. 이후에 호텔 피트니스센터에서 일을 하면서 전문성을 높이기 위해 인체학에도 관심을 가지고 공부했었죠.

이후에는 9개월 정도 호주로 워킹홀리데이를 갔습니다. 다른 활동보다는 영어공부에만 매진했습니다. 지금 생각해 보면 그 시간이 제가 소방관이 되는 데 많은 도움을 준 거 같아요.

Question 의무소방을 지원했던 이유와 목표가 있었나요?

저는 친구들이 전역할 즈음에서야 군 입대에 대해 고민하기 시작했어요. 우연히 집 가까운 곳에서 의무소방대원으로 근무할 수 있다는 것을 알게 되었고, 필기시험과 체력 시험을 봤어요. 그 당시 체육학과 친구들이 권유해서 취득한 라이프가드 자격증이 있었는데, 그것이 의무소방대원으로 복무하면서 큰 도움이 되었죠.

Question 의무소방은 주로 어떤 일을 하나요?

저는 의무소방 5기로, 2002년 8월에부터 복무하기 시작했어요. 그때는 의무소방의 초창기라 의무소방대원들의 임무가 구체적으로 정해지지 않았는데 상황실 업무를 보조하는 일, 현장 출동 시에 장비를 정리하는 일, 주차를 하거나 통제하는 일, 현장에서 소방관들을 보조하는 일 등을 했어요.

저 같은 경우에는 라이프가드 자격증이 있었고, 체력적으로도 준비가 되어 있어서 구조대에서 근무했어요. 수난 사고 등 구조 현장에서 직접 투입되기도 했고요. 그러면서 스킨스쿠버를 배울 기회가 생겨 의무소방 복무 중에 스킨스쿠버 자격증도 취득했어요.

의무소방
대원으로 복무하다
소방관을
꿈꾸다

▶ 방화복을 착용하고 찍은 프로필 사진

▶ 소방차 앞에서 한 컷

▶ 위험물 누출 사고 발생 대응 훈련 중인 대한민국 중앙119구조대원

의무소방으로 생활하면서 기억에 남는
사건, 사고나 에피소드가 있나요?

처음 구조대에 들어가 한 일은 개를 구조하는 것이었어요. 하하. 저희가 구조하는 개는 대부분 주인이 없어서 동물보호센터나 유기견센터로 보내는 과정을 저희가 맡아서 하죠. 그곳에서 새 주인을 찾는 경우가 있는데, 운이 좋지 않아서 새 주인을 만나지 못하거나 아픈 개들은 안락사를 시키더라고요. 그럴 땐 가슴이 먹먹합니다.

가장 기억에 남는 사건은 어느 해 여름이었는데, 6개월 전 겨울에 실종된 사람의 사체가 부패된 채 수면 위로 떠올랐다는 신고를 받고 출동할 때예요. 사실 의무소방대원이 그런 사건에 직접 출동하는 것이 어려운데, 제가 자격증도 갖추고 있었던 터라 슈트를 직접 입고 구조 작업을 했었죠.

Question 의무소방 복무가 소방관을 하는 데
영향이 있었나요?

그런 편이에요. 저는 운동을 좋아하고, 사람들하고 팀을 이루어 그 일원으로 일하는 것을 좋아하다 보니 자연스럽게 소방관을 꿈꾼 것 같아요. 소방관은 팀워크가 중요하거든요.

Question 경력 경쟁 채용 시험으로 입사한 건가요?

아뇨. 저는 공개경쟁 채용 시험 출신입니다. 이 시험을 꼭 통과해야겠다는 마음으로 3개월간 5시간 이상 자 본 적 없이 시험을 준비했어요. 계속 필기시험 공부만 하느라 체력 훈련을 소홀히 해서 이후 체력 검사가 걱정되기도 했어요. 그래도 단번에 붙어서 기분이 좋았어요.

의무소방 출신인데, 공개경쟁 채용으로 응시한 이유가 있나요?

사실 경력 경쟁 채용 시험에 지원에 해야겠다는 생각을 미처 하지 못했어요. 하하. 그런데 지금 생각해 보면 영어 시험을 보는 공개경쟁 시험에 도전했기 때문에 더 수월하게 합격할 수 있었던 것 같아요.

소방공무원 시험을 준비하는 과정은 어땠나요?

본격적으로 시험을 준비하면서 제 자신과 두 가지 약속을 했어요. 하나는 '하루에 5시간 이상 잠자지 않기'였고, 다른 하나는 '기존에 있는 소방공무원 시험 준비 문제집 모조리 풀어 보기'였어요. 영어는 어느 정도 자신감이 있다 보니 상대적으로 짧은 시간을 투자해도 효과가 있었는데, 오히려 국어 시험이 어려웠어요. 의무소방 때의 경험 덕분에 소방 용어들이 익숙하다 보니 소방학개론을 공부하는 데 많은 도움이 되었어요.

소방공무원 시험을 준비하는 데 도움이 되는 말씀 부탁드려요.

점수에서 가산점이 차지하는 비중이 작지 않으니 시험을 준비하기 전에 가산점이 부여되는 항목에 대해 잘 파악해야 해요. 가산점이 없이 높은 점수를 얻는 것은 어려워요. 자신이 받을 수 있는 가산점을 최대한 확보를 한 상태에서 시험 준비를 해야 집중할 수 있어요. 저 같은 경우에는 워드 1급 자격증과 토익 점수에 대한 가산점을 받았던 것이 큰 도움이 되었죠.

1차 필기시험에서는 대부분 영어가 어렵다고 하는데, 새로운 언어에 도전한다는 마음가짐이 상당히 중요한 것 같아요. 시간 안에 주어지는 문제들을 풀게 되는데, 처음에는 자신감 있는 과목을 풀면 다른 과목들도 잘 칠 수 있을 것 같아요.

2차 체력 시험은 꾸준히 준비하는 것이 중요해요. 급하게 준비하다 보면 다칠 수도 있고 많이 초조해져요. 예전에는 어느 수준만 통과하면 되는 시험이었는데, 지금은 점수로 환산해서 평가하기 때문에 체력 시험 기준이 상당히 엄격해졌어요. 그래서 요즘은 체력 시험을 준비하기 위한 학원들도 많아졌어요.

3차 신체검사는 지정된 병원에 가서 하는데요. 보통 신체검사에서 많이 떨어지는 사람들은 시력이 안 좋거나 혈압이 높아서예요. 평소에 관리를 해 줘야죠.

예전에는 면접이 크게 부담되는 시험이 아니었는데, 최근에는 질문도 어려워지고 수준도 높아져서 상당히 까다로워졌어요. 그래서 요즘은 함께 공부하는 사람들과 스터디 그룹을 만들어서 준비를 하더라고요.

Question 소방관이 된 지 얼마나 되었나요?

고향은 전주인데 경기도에 응시했어요. 2006년 12월에 구조대에서 시작해서 현재 근무한 지 8년이 넘었고, 안양에서만 근무했어요.

Question 지금 맡고 있는 업무는 무엇인가요?

경기소방학교에서 화재·구조·구급 등 현장 활동에 대한 전반적인 교육, 종합 훈련 시설의 전반적인 관리, 신규 임용자들을 위한 교육 프로그램 개발, 기관 간의 협력 요청 등의 일을 하고 있습니다.

2002년 대한민국 축구 대표팀의 히딩크 감독을 보면서 유능한 지도자 1명이, 뛰어난 축구 선수 여러 명을 길러낼 수 있다는 것을 알았어요. 그만큼 조직에서 지도자의 역할이 중요하다는 것이겠지요.

소방관을
교육하는 소방학교
교관이
되다

▶ 59기 신규 임용 소방사반 교육생들과 현장 교육을 마치고

▶ 신규 임용 소방사반 교육생들과 현장 교육

▶ 안양 구조대 근무 당시 산악 구조 중

Question 소방학교의 역할은 무엇인가요?

소방학교에서는 전문 능력 향상, 직무 교육, 소방 관계자, 일반인 안전 교육까지 다양한 교육 프로그램이 있고, 그것에 따라 연간 교육 훈련 일정이 있습니다.

소방 공무원 시험에 합격한 신규 임용자들은 소방 현장 활동 직무 수행에 필요한 기본 이론 교육 및 현장 대응 능력(화재·구조·구급)을 강화하기 위한 신규 임용자 교육 과정을 수료해야 합니다. 강도 높은 훈련을 통

▶ 소방 교육 중 한 컷

해 교육생들에게 신임 소방 공무원으로서의 소명 의식 및 자긍심을 고취시키는 소중한 시간이죠.

Question 경기소방학교의 업무 환경은 어떤가요?

소방서와는 달리 교대 근무 없이 9시부터 6시까지 근무를 하는데, 주로 소방 교육을 하고, 나머지 시간에 교육 준비와 시설을 점검해요. 소방학교 현장 교육팀에서는 모두 교관이라고 통칭해요. 근무 환경은 일반 소방서보다 좋아요. 경기소방학교 안에는 산과 산 사이에 있는 계곡의 급류에서 구조 훈련을 하는 시설, 급류 위로 건너는 수평 구조 시설, 5m 대형 수영장, 대형 재난 대비 복합 훈련 시설들이 준비되어 있어요. 특히, 국내에서는 최초로 도입된 실물 화재 종합 훈련장이 있어서 다른 소방학교에 비해 시설 면에서 월등히 앞서 있어요. 5개 종합 훈련장 내에 12개의 훈련 시설이 갖춰져 있고, 국내에는 처음 도입된 최첨단 시설들이 있어요.

예전 저희가 교육받을 때는 실제 화재 상황을 모른 채 훈련을 받았는데, 최근 훈련을 받는 대원들은 실제 화재가 일어난 현장 같은 상황에서 훈련을 할 수 있어요.

Question
소방학교에서 교육하기 위해 어떤 자격 조건이 필요한가요?

대부분의 경우 일반 소방관을 교육할 수 있는 정도의 풍부한 현장 경험과 이론 지식을 가진 분들이 추천되어 교관으로 선발돼요. 저 같은 경우도 추천받고 우수 교관 양성 프로그램에 선발되어 미국에서 6개월 동안 훈련을 받았습니다. 그 외 교관이 되는 데 필요한 전문 분야 뿐만 아니

▶ TEEX Fire Academy Recruit Fire Trainig Rescue Extrication (차량 구조 구출 훈련)

라 다양한 종류의 책을 읽으며 스스로 부족한 부분을 채우려고 노력을 했어요.

예전에는 자격증 보유 여부가 교관으로 선발되는 데 큰 비중을 차지하지는 않았지만, 앞으로는 자격증 보유 여부가 중요한 선발 기준이 될 것 같아요. 관련 자격증으로는 화재대응능력 2급, 인명구조 2급이 있어요. 자격증이 실력의 전부 말해 주진 않지만, 최소한의 자격 기준이 되는 거죠. 대부분의 자격증은 준비를 잘하고 많은 연습을 한다면 소방관 분들이 취득하기에 어렵지 않다고 생각합니다.

저는 소방학교의 교관이 되는 데에는 정해진 자격 기준보다는 철저한 자기 관리와 보이지 않는 곳에서 묵묵히 자신의 일에 최선을 다하는 마음이 무엇보다 중요하다고 생각합니다.

Question
구조대원의 일련의 업무 어떻게 진행되나요?

신고자가 전화나 인터넷으로 119안전신고센터에 신고하면 119안전신고센터에서 해당지역의 안전센터로 전달하고, 이첩 받은 지역 안전센터에서는 신고 내용이 화재, 구조, 구급 중 어느 유형에 해당하는지에 따라 출동 지시를 내려요.

구급대로 출동 지시가 내려오면 지령지 (신고자 주소, 주소지의 지도, 전화번호, 신고 시각 등) 를 파악하고, 구급차에 올라 출발하면서 신고자에게 전화를 걸어 현재 상황, 보호 자, 주소 등을 다시 확인합니다. 현장에 도 착하면 사고 상황을 파악하고, 충분히 응 급 처치 후에 병원으로 이동합니다. 구급 차 안에서 문진, 병력, 신상 파악 등을 하 여 구조 활동 일지를 작성하고, 병원에 도

▶ 산악 구조 당시

착하면 의료진에게 환자를 인계하면서 일지에 인계자 사인을 받고 귀소합니다.

일지는 나중에 환자가 보험 신청이나 산재 요청을 할 때 구급차를 탔다는 것을 증명 할 수 있는 공문서가 되기 때문에 최대한 객관적인 입장에서 자세하고 정확하게 기입 합니다.

Question 구조 활동을 하면서 부상과 죽음 등에 대한 공포는 없나요?

소방관의 주요 임무는 사람들이 가장 두려워하는 곳으로 가장 먼저 빠르게 달려가서 구 조를 요청한 사람들을 돕는 거예요.

위험한 상황을 염두에 두고 항상 팀워크를 이루어 임무를 수행하기 때문에 저와 함께 현 장에 투입된 대원과 서로를 믿고 의지하는 게 중요합니다. 그래서 부상과 죽음에 대한 공포 감보다 팀원들간에 신뢰감이 높기 때문에 공포감이 크지는 않습니다. 공포감에 위축되기 보다는 서로를 믿고 아껴 주는 마음이 클수록 위험한 상황에서도 안전하게 벗어날 수 있고, 그로 인해 부상과 죽음의 공포감 또한 자연스럽게 낮출 수 있다고 생각합니다.

Question 정신 피로는 어떻게 해소하나요?

저는 주로 운동을 하거나 맛있는 음식점을 찾아가서 몸에 좋은 음식을 먹으면서 쌓였던 피로를 풀어요. 요즘은 테니스를 배우고 있는데, 새로운 운동을 배우는 것도 스트레스를 없애는 좋은 방법인 거 같아요.

Question 다른 지역과 수도권 지역의 소방 시설에 차이가 있나요?

전 2002년 8월부터 전주 덕진 소방서에서 의무소방으로 복무하였고, 2006년 12월부터 안양에서 근무를 시작하였어요. 그때는 지방과 수도권의 소방 시설에 차이가 컸죠. 그땐 장비가 많이 필요한 편이 아니었는데도, 실제로 부족한 것들도 많아서 사비로 구입하여 사용하는 분들도 계셨거든요. 현재, 경기도의 경우는 남부와 북부로 나눌 정도로 관할 지역이 크고 일이 많아요. 그래서 지원도 넉넉하게 되는 편이죠.

Question 소방관이라는 직업의 장단점은 무엇인가요?

근무 형태가 일반 회사원들과는 조금 다릅니다. 3교대를 하면서 24시간씩 근무를 하다 보니 아무래도 경조사에 참여하지 못하거나, 자유롭게 여행을 즐길 수 없을 때에는 아쉽습니다.

그렇지만 개인의 이득을 위한 것이 아니고, 국민들의 불편한 점을 도와드리면서 보람과 사명감을 동시에 얻을 수 있는 일을 하고 있으니 힘들다고 느껴지지는 않습니다.

Question 소방관으로서 가장 보람 있었던 일은 무엇이었나요?

일단 소방관에 대한 시각이 긍정적일 때 가장 보람됩니다. 저희가 조금이라도 도움이 되었다고 느끼거나 저희를 칭찬해 주실 때, 소방관의 필요성을 새삼 느끼시는 경우에 '내가 이 직업을 잘 선택했구나.'라는 생각이 많이 듭니다. 특히 처음 소방학교에서 교육관으로 6주간 교육을 하며, 신규 임용자들을 교육했을 때가 기억에 남습니다.

Question 원래 봉사심이 있었나요, 소방관이 된 후에 생긴 건가요?

50대 50이에요. 나는 미약하지만 누군가에게 힘이 될 수 있다고 생각하는 모든 사람들은 봉사심이 있는 것이고, 저처럼 소방관으로 성장할 수 있는 무궁무진한 잠재력을 가지고 있는 셈이죠.

Question 직장 내에 멘토가 있나요?

네, 있습니다. 그분은 제게 저의 장점을 먼저 말씀해 주시고, 그 다음에 단점을 말씀해 주세요. 그렇게 칭찬과 보완할 점에 대한 이야기를 듣다 보면 더 완벽하게 준비하게 되고, 저 또한 후배들에게도 그렇게 해 주려고 노력하고요.

제가 6주간 현장 교육 교관으로 파견을 다녀온 적이 있습니다. 교관이었지만 저도 많이 배울 수 있었던 시간이었죠. 다그치지 않고 기다려 주고 격려해 주면, 더 좋은 성과를 낼 수 있다는 것을 눈으로 직접 확인할 수 있었거든요.

소방관 일 외에 어떤 일을 해 보고 싶어요?

개인적으로 세계 여행을 해 보고 싶어요. 제가 사는 곳과 떨어진 다른 곳의 생활은 어떤지 직접 경험해 보고 싶습니다. 기회가 된다면 스킨스쿠버 같이 물에서 할 수 있는 스포츠를 가르치는 일도 해 보고 싶고요. 하지만 지금은 실력 있는 소방관으로 성장하고 싶은 욕심이 큽니다.

Question 퇴직 후에 어떤 일을 할지 계획하고
준비하는 게 있나요?

퇴직 후 소방 관련 일을 할 수 있으면 좋겠어요. 앞으로는 학교, 관공서 등의 공공시설에서 안전 관리자들을 많이 필요로 할 것 같아요. 제 경험을 살려 봉사하는 마음으로 일할 수 있을 것 같습니다.

Question 여자 소방관에 대해서 어떻게
생각하나요?

여자 소방관이 필요합니다. 아이들이나 노인들을 케어할 때 섬세한 손길이 필요하거나 감정적으로 보살펴야 하는 부분이 있는데, 역시 여성분들이 남자들보다 낫더라고요. 남자들만 있을 때보다 분위기도 더 좋아지고요. 여성 소방관이라면 일반 여성분들보다는 체력이 더 좋아야 한다고 생각해서 체력 강화 프로그램을 만들어 볼까 고민 중입니다.

Question 어떤 운동을 좋아하나요?

제가 처음에 수영을 못했는데, 친구 권유로 자연스럽게 대한적십자사에서 실시하는 수상 안전(인명 구조 요원) 교육 자격증을 취득하는 라이프가드 교육 과정을 하게 되었어요. 수상 안전 교육은 수상 안전사고를 미연에 방지하고, 사고 발생 시 인명을 구조할 수 있는 기술과 지식을 배우는 것이다 보니 힘은 들지만, 하고 나서 자신감도 생기고 구조대원이 될 수 있는 계기도 된 것 같아요. 그리고 그 후에 지인들 권유로 스킨스쿠버 자격증까지 의무소방 중에 취득하게 되었어요.

지금 돌아보면 그 자격증 하나하나가 저를 지금의 위치에 있게 한 것 같네요.

Question 소방관을 꿈꾸는 친구들에게 해 주고 싶은 말이 있다면요?

소방관이 되려고 한다면 가장 먼저 몸을 건강하게 만들어야 해요. 소방관에게는 내 몸을 지키면서 동시에 남을 도울 수 있을 만큼의 체력이 필요하거든요. 단시간에 할 수 있는 일이 아니기 때문에 꾸준히 준비하는 게 좋아요.

또, 책을 많이 읽는 습관을 가지는 게 좋아요. 소방관이 되고 나서는 현장 출동과 근무 때문에 책 읽는 것이 어려운데 어렸을 때부터 습관이 된다면 좋겠죠. 마지막으로 여행을 통해서는 다양한 문화와 다른 언어를 접하는 기회도 많이 가졌으면 해요. 사고를 넓히는 데는 책 읽기와 여행만한 게 없는 거 같아요.

학창 시절에는 공부보다는 친구들과 어울리기 좋아하는 평범한 학생이었다. 제일 기억에 남는 추억은 고등학교 때 학교에서 가장 인기 많던 방송반 동아리에 들어가기 위해 5차까지 시험을 치렀던 것.

방송반 활동으로 한창 재미있던 학교생활이었지만, 누구도 피해갈 수 없는 대학교 입시를 앞두고 행정학을 전공하기로 결심하고 공부를 시작했다.

대학을 졸업할 즈음 행정직 공무원이 성격에 맞지 않아 다시 진로에 대한 고민을 하던 중 지인의 권유로 소방공무원 시험을 준비하게 되었다.

2008년 공개경쟁 채용 시험에 합격해 화재팀으로 근무했다. 그 이후 소방방재청(현 국민안전처)의 대변인실에서 근무하며 네마TV 아나운서로도 활동하였고, 현재는 영등포소방서의 홍보교육팀에서 안전사고 예방 및 대처 방법에 대한 교육을 진행하고 있다.

안전 지식은 사람의 생명과도 밀접한 관련이 있는 만큼 소방 안전 교육의 중요성이 커지고 있어 안전 지식을 전하는 소방관으로서 자부심을 느낀다.

- -

영등포소방서 시민안전교육 담당

김지혜 주임

- 현) 영등포소방서 홍보교육팀
- 소방방재청 대변인실
- 동작소방서 홍보교육팀
- 동작소방서 백운119안전센터
- 소방재난본부 기획예산팀
- 동작소방서 동작119안전센터
- 2009년 1월 서울 소방 배명

소방관의 스케줄

김지혜
영등포소방서
시민안전교육 담당의
하루

23:30 ~ 06:00
▸ 수면

05:30 ~ 07:30
▸ 출근 준비

18:00 ~ 20:00
▸ 퇴근 및 저녁 식사
20:00 ~ 21:30
▸ 운동
21:30 ~ 23:30
▸ 업무 관련 공부

07:30 ~ 09:00
▸ 출근 및 아침 식사
09:00 ~ 10:00
▸ 아침 조회, 행정 업무

13:00 ~ 15:00
▸ 성인들을 위한 외부 출장
  안전 교육
16:00 ~ 18:00
▸ 현장 출동 관련 일지 작성 등
  행정 업무

10:00 ~ 12:00
▸ 유치원생들의 안전 교육 진행
  (안전 체험 교실)
12:00 ~ 13:00
▸ 점심 식사

▶ 고등학교 졸업식 때 친구와 함께

▶ 소방방재청(현 국민안전처) 네마 TV의 아나운서로 활동했을 때

어떤 성격이고, 어떤 분야에 흥미가 있었나요?

저는 친하지 않은 사람과는 말을 잘 못할 정도로 조금 내성적인 성격이지만, 친구들이나 지인들을 대할 때는 너무나 왈가닥이고 활달한 성격을 가지고 있습니다. 학창 시절 저는 저 혼자보단 친구들과 지내는 것을 더 좋아해서 함께 많이 어울려 다녔어요. 제가 선생님이나 개그맨들의 성대모사 등을 잘 따라 해서 그 흉내를 내면 아이들이 재미있어 하며 저를 좋아했어요. 제가 유독 장난을 좋아해서 만우절에는 친구들을 깜짝 놀라게 하는 장난을 치거나, 스승의 날에는 선생님을 곤경에 빠뜨리는 장난을 쳤던 것이 기억에 남습니다.

학창 시절에 성적은 어떠했나요?

학창 시절에는 공부를 잘하지도, 그렇다고 못하지도 않았어요. 단지 내가 무엇을 해야 하는지, 공부를 왜 열심히 해야 하는지 목표가 불분명했기 때문에 그랬던 것 같아요.

장래 희망은 무엇이었나요?

선생님을 꿈꾸기도 했는데, 누군가에게 새로운 것을 가르쳐 주고 앞에서 이끌어 주는 역할이라 좋다고 생각했어요. 그러다 고등학교에 진학하면서는 '공무원을 해 보라.'는 부모님의 권유가 진로를 결정하는 데 큰 영향을 미쳤어요. 저는 그때까지 특별히 잘하는 것이나 하고 싶었던 것이 명확히 없어 부모님의 권유를 더 따랐던 것 같아요.

Question 학창 시절에 특별 활동 경험이 있나요?

고등학교 1학년부터 3학년까지 방송반으로 활동했어요. 방송반은 아나운서, 프로듀서, 엔지니어 등으로 분야를 나누어 선발하는데, 인기 있는 동아리라 면접까지 포함해서 5차까지의 시험을 치르고서야 들어갈 수 있었어요. 그렇게 어렵게 들어갔으니 고등학교 시절 추억의 대부분을 차지할 정도로 열심히 했어요.

보통 방송반은 점심시간 때 교내 방송을 하기 때문에 3교시 수업이 끝나고 점심을 미리 먹고 점심 방송을 진행했어요. 방송반은 인기 있던 동아리라 구경하고 싶어 하는 친구들이 많았어요. 방송실에 외부인이 출입하는 것을 불허했는데 한 번은 친구를 데려갔다가 선배들에게 걸려 호되게 혼난 적이 있어요.

방송반에 들어가면, 1학년 때는 방송 시스템을 배우고, 2학년 때는 실제로 방송을 진행하고, 3학년은 대학 입시 공부에 전념할 수 있도록 실무에서 빠지죠. 저도 고등학교 1학년까지는 공부보다는 방송반 활동이나 친구들과 어울리는 것을 좋아했는데, 고등학교 2학년이 되면서 진로에 대해 진지하게 고민하며 공부하기 시작했습니다.

국민안전처(전 소방방재청)에서 운영하던 국민 안전 방송인 '네마TV'에서 앵커로 활동한 적이 있었는데, 그때 방송반 활동이 실제로 도움이 됐습니다.

Question 소방관이 된 계기가 있나요?

앞에서 말씀드렸듯이, 부모님께서 공무원이라는 직업을 추천해 주셔서 대학에서 행정학을 전공하게 되었어요. 행정직 공무원 시험을 준비하던 중에 행정직이 저의 성격과 맞지 않는 것 같아서 군인, 경찰, 소방관 등으로 분야를 바꿔 보려고 고민하고 있는데, 지인이 소방 쪽이 잘 맞을 것 같다며 권유하셔서 소방을 선택하게 됐습니다.

본격적인 시험 준비는 2008년부터 시작했습니다. 처음에는 부모님이 소방관이라는 직업을 반대하실 것 같아 시험 준비를 하고 있다는 이야기를 하지 못했습니다. 그러다 시험을 앞두고 말씀드렸더니 무척 좋아하셨어요.

▶ 신규 임용자 교육을 받던 중 여자 동기들과 함께

밝고
명랑한 그녀,
소방관을
꿈꾸다

▶ 신규 임용자 교육 중 훈련 끝나고 합숙소로
들어가며

▶ 아무리 힘들어도 사진만 찍으면 V를 했던 우리들,
신규 임용자 교육 당시 동기들과 함께

Question 소방관이 되기 위해 어떻게 준비했나요?

1년 반을 준비했습니다. 흔히들 '4당5락'이라고 말하잖아요. 4시간 자고 공부하면 합격하고, 5시간 자고 공부하면 시험에서 떨어진다는 말, 그 생각에 저는 4시간만 자고 공부했어요. 학원 강의도 들었지만 시험이 가까웠을 땐 혼자 도서관에서 공부했어요. 계획표를 만들어 과목별로 시간 분배를 잘했었던 것이 주효했던 것 같아요.

도서관에 틀어 박혀 합격할지 떨어질지 모르는 시험을 준비할 때는 일찍이 사회생활을 하며 돈을 벌어 예쁘게 화장도 하고 자신의 삶을 즐기는 친구들이 마냥 부러웠죠. 그 지루한 시간을 버틸 수 있었던 것은 나도 꼭 합격해서 저런 소소한 일상의 기쁨을 누리고 말 것이라는 기대 때문이었어요.

Question 소방공무원 시험을 준비하는 데 도움이 되는 것이 있다면 말씀해 주세요.

제가 시험을 볼 때는 1차 체력 시험, 2차 필기시험, 3차 신체검사, 4차가 면접시험이었어요. 필기시험은 정해진 시간 안에 정확한 답을 남들보다 많이 찾아야 하는 싸움이죠. 시간이 되면 답안지를 걷어 가 버리니 무엇보다 정해진 시간 내에 문제를 푸는 게 가장 중요합니다. 필기시험은 한두 문제로 합격, 불합격이 갈린다고 봐야 합니다. 남들 맞히는 문제는 모두 다 맞혀야 하고, 남들이 틀리는 문제에서 하나 더 맞으면 합격의 가능성이 커집니다. 그렇게 하려면 무엇보다 정확한 지식도 필요하지만, 시험이 끝날 때까지 포기하지 않고 최선을 다해야 합니다.

소방에서 가장 중요한 시험이 체력시험이 아닐까 싶습니다. 저는 체육학원에서 체력 시험을 준비했습니다. 필기시험에 정신을 쏟느라 체력을 소홀히 하는 사람이 있는데, 소방관이 되려면 어느 것 하나 소홀히 해서는 안 됩니다.

신체검사는 지정된 병원에 가서 검사를 받게 되는데, 건강한 신체를 가진 사람이라면 쉽게 통과할 수 있어요.

면접시험은 가장 중요하고 또 준비를 많이 해야 하는 시험입니다. 1~3차 시험을 통과하고 면접까지 가게 되면, 본인은 무조건 붙는다 생각하고 준비를 소홀히 해서 불합격하는 사람들을 많이 봤어요. 저는 면접시험을 앞두고 동기들 5명과 스터디 그룹을 만들어 예상 질문과 답변을 해 보기도 하고, 일반 지식, 상식 등 여러 가지 정보를 공유하여 함께 공부 했었던 것이 큰 도움이 되었습니다. 소방이라는 특정직의 면접이다 보니 소방에 관한 지식 도 조금은 공부하고 면접에 임하면 도움이 될 것 같습니다.

Question 공무원 시험에 합격 후 어떤 훈련을 받나요?

2008년까지는 먼저 근무지로 발령을 받고, 이후에 신규 임용자 교육을 받는 체계라 저도 동작소방서에서 3개월간 근무를 하다가 9주간 교육을 받으러 들어갔어요. 2009년 부터는 먼저 신규 임용자 교육을 받고, 그 이후에 발령을 받는 것으로 바뀌었습니다. 교 육은 서울소방학교에서 합숙을 하면서 받는데, 어떤 분야로 들어왔든지 화재, 구조, 구 급을 다 배우게 돼요. 졸업을 앞둔 마지막 주에는 시험을 보고, 졸업식 때는 우수 졸업 자에게 상장도 수여하죠. 제가 교육 받을 때는 졸업식 때 신규 임용자들만 참석했는데, 지금은 가족과 친구들 다 초대해서 졸업식을 하더라고요. 기쁨을 나눌 수 있어서 더 좋 은 것 같아요.

Question 훈련받을 때 기억나는 에피소드가 있다면 얘기해 주세요

동기 85명 중에 여자는 저를 포함해 단 5명뿐이었어요. 5명이 같은 방을 쓰면서 너무나 재미있게 생활을 해서 나중엔 졸업하기 싫을 정도였죠. 하하. 저희 5명은 힘든 훈련에도 누 구 하나 낙오되지 않아 남자 동기들이 혀를 내둘렀던 것, 장기 자랑 시간에 소녀시대의 춤 을 춰 학교를 열광의 도가니로 만들었던 것, 남자 동기들을 대상으로 5명이 인기투표를 했 던 것 등 지금 생각해도 재미있던 일들이 많아 절로 웃음이 나네요.

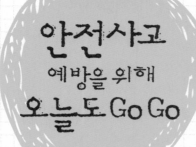

안전사고
예방을 위해
오늘도 Go Go

▶ 동작소방서 근무 당시 4인조법 훈련을 평가받는 중

▶ 동작소방서 근무 당시 펌프차 조작법 교육 중

▶ 화재 없는 안전마을 조성 행사 중 한 컷

현재 맡은 업무는 무엇인가요?

2008년도에 공개 경쟁 채용 시험 합격하여 화재 업무를 하다가, 현재는 영등포소방 서의 홍보교육팀에서 다양한 연령대를 대상으로 하는 시민 안전 교육을 진행하고 있습 니다.

4세에서 7세까지의 유치원생들을 대상으로는 소방서 내의 소방안전체 험교실에서 소화기 사용법, 연기 대 피 체험, 완강기 사용법, 119 신고 요 령 등을 아이들의 눈높이에 맞춰 교 육하고요. 초등학교부터 고등학교까 지의 청소년들을 대상으로는 청소년 들의 진로 선택에 도움을 주고자 1일 소방관 체험을 하는 직업 체험 교육 도 운영하고 있습니다.

▶ 유치원생들에게 소화기 사용법을 교육하면서

이 외에도 일반 직장인, 노인, 다문화 가족 등 각 특성에 맞는 맞춤형 교육을 진행하여 일 반 시민들이 안전 지식을 쉽게 접할 수 있도록 노력하고 있습니다.

Question 소방관이 되고 지금까지 한 일에 대해 소개해 주세요

처음에는 동작소방서로 발령을 받아 2년 여간 화재 출동 업무를 했고요. 동작소방서의 홍보교육팀에서 3개월 정도 홍보 담당으로 있다가 소방방재청(현 국민안전처)으로 발령 받아 2년 여간 대변인실에서 근무하며 네마TV 아나운서로도 활동하였습니다. 2013년 영등포 소방서로 발령 받고 그때부터 계속 내근(행정 및 교육) 업무를 담당하고 있습니다.

소방관이 되어 가장 기억에 남은 일이 있나요?

출동 부서에서 생활하던 2년간 화재가 나면 출동을 했습니다. 하지만 그 당시 제가 근무했던 관내는 화재 발생이 많지 않던 곳이라 출동을 나가면 벌집 제거, 도둑고양이 잡기, 문 개방 등의 활동이 대부분이었어요.

그때 쯤 5~7세 어린이들을 위한 소방안전 인형극을 기획한 적이 있었는데요. 이 기획으로 각종 경연 대회에 나가 상도 받았어요. 또

▶ 소방안전인형극 공연을 마치고 한 컷

소방서에서 진행하는 지역 행사에 사회를 자주 맡기도 했고요.

또 소방방재청에서 근무하면서 네마TV 아나운서로 활동을 한 것도 기억에 많이 남는데요. 소방방재청이 주관하는 전국 단위의 소방 안전 관련 행사에서 사회를 맡거나, 소방방재청 자체 방송인 '네마 TV'에서 주간 안전사고 예보 등을 전하는 네마뉴스를 진행하면서 국민들의 안전 지킴이가 되고자 노력했습니다.

'네마TV'의 아나운서는 주로 어떤 일을 하나요?

학교에는 교내 방송, 일반 기업에는 사내 방송이 있듯이 소방방재청에도 자체 방송인 '네마 TV'라는 국민안전방송이 있습니다. 지금은 소방방재청이 국민안전처로 조직명이 바뀌면서 '네마 TV'라는 이름으로 방송 제작은 안 될 텐데요. 저는 '네마뉴스'를 진행하는 앵커로 한 주간 있었던 소방방재청 내의 소식이나 전국 소방서별 홍보 사항을 전하는 역할을 했습니다. 또 '현장출동 119'라는 프로그램을 진행하면서 한 주간 전국에서 발생한 사건, 사고를 전하고, 유사한 사고가 다시 발생하지 않도록 예방 및 대처법을 알려드리는 역할을 했습니다. 이 외에도 계절별, 장소별, 유형별로 안전사고 발생이 예상되는 곳을 찾아가 예방법 및 대처법을 홍보하고, 일반 시민들을 직접 찾아가 안전 상식을 교육하는 등의 프로그램을 진행하기도 했습니다.

소방관으로서 목표가 있다면요?

화재 조사관이 되고 싶어요. 화재 조사관은 화재가 종료되면 그 원인과 피해를 조사하는 일을 하는데, 현재 서울에서 최초의 여성 화재 조사관이 나왔습니다. 화재 조사관이 되려면 서울소방학교에서 12주 이상 화재 조사에 관한 전문 교육을 받거나 자격증이 필요하거든요.

▶ 소방방재청에서 아나운서로 활동 당시 모습

저도 자격증을 따기 위해 준비하고 있는데, 생각만큼 쉽지 않네요. 작년엔 시험 봤다가 떨어졌고요. 올해 다시 도전하는데 열심히 해서 여성 화재 조사관으로 활동하는 것이 목표입니다.

소방관으로서 보람을 느낄 때는 언제인가요?

제가 지금 담당하고 있는 시민안전교육이라는 업무는 소방서를 대표하여 일반 시민들을 교육하는 것이기 때문에 전문적이고 양질의 내용으로 진행하는 것이 중요합니다. 안전 지식은 사람의 생명과도 관련이 있는 만큼 소방 안전 지식에 대해 잘 알고 진행해야 하고 책임감도 큽니다. 반면, 교육을 나갔을 때 교육을 받는 분들이 "아~ 그런 거였구나."라고 모르던 부분을 이해할 때나 "교육이 너무 재미있어요."라고 할 때 가장 큰 보람을 느끼면서 더 잘 해야겠다는 다짐을 하게 됩니다.

Question ## 어떤 교육을 주로 하나요?

보통 기업체나 어린이집 등 다양한 곳을 방문하여 화재 안전에 대해 교육하는데, 화재가 발생했을 때의 행동 요령이나 연기가 발생할 때의 대피 요령 등을 교육하죠. 예를 들면, 불이 나면 다른 사람들이 듣고 도움을 줄 수 있도록 '불이야'라고 외친 후 119에 신고하고, 소화기를 사용해서 화재를 진압하는 방법 등이요.

▶ 2014년 명절 귀성객 대상 심폐소생술 체험 교육 진행

하임리히법, 심폐소생술 등 응급 처치법에 대해 알려드리기도 하는데요. 예를 들면, 음식물을 삼키다가 잘못하여 목에 걸리는 상황에 어떻게 응급 처치를 할 것인지, 심정지를 일으키고 의식을 잃고 쓰러진 사람을 어떻게 응급 처치할 것인지 등 직업 및 연령에 맞춰 교육을 진행하고 있어요.

Question ## 소방관이 되고 처음 한 일은 어떤 것이었나요?

저의 첫 업무는 화재 출동이었어요. 출동 명령이 떨어짐과 동시에 소방차에 올라타고 그 안에서 방화복을 입는데, 그땐 첫 출동이라 긴장도 되고 선배님들에게 열심히 하는 모습을 보여 준다는 게 그만 선배님들이 방화복을 입는데 오히려 방해를 하게 된 웃지 못할 일이 있었지요. 다행히 그때는 현장에 도착해 보니 어느 정도 불이 진압이 된 상태여서 큰 화재는 아니었던 것으로 기억이 납니다.

Question 소방관으로서 언제 자부심을 느끼나요?

제가 간절히 되고 싶었던 소방관이 되어, 주황색 제복을 입고 소방서 안에서 생활한다는 것 자체가 자부심을 느끼게 합니다. 아직까지는 제가 선택한 이 직업이 너무 만족스럽고 재미있어요. 어떤 일이든, 직업이든 자기가 하고 싶은 일을 할 때 가장 재미있고, 어느 순간이든 자부심을 느끼게 되잖아요.

Question 여자 소방관을 바라보는 주변의 시선은 어떠했나요?

당시 출동을 나가 화재 진압하는데, 방화복을 입은 여자 소방관에 대해 시민들이 관심이 많더라고요. 요즘은 여자 소방관이 많아져서 그런 일이 드문데, 당시에는 흔한 일이 아니어서 주목을 받는 다는 것이 저에게는 익숙하지 않았어요. 그때 저를 신기하게 바라보던 시민들의 시선을 잊을 수가 없어요. 그 신기함을 책임감, 신뢰감, 용감함,

▶ 여름철 장마로 인한 피해를 예방하기 위해 현장 대기 중

정의로움, 따스함 등의 긍정적인 시선으로 바꾸려고 많이 노력하고 있습니다.

Question 소방관이라는 직업의 장점과 단점은 무엇인가요?

장점으로는 국민들에게 직접적인 도움을 주고 있다는 자긍심을 가질 수 있다는 거죠. 누구나 인명을 구조하고 할 수 있는 것이 아니기 때문에 저희만 할 수 있는 고유의 영역이라

는 사명감을 느끼고, 국민들을 위험으로부터 지켜 준다는 신뢰감을 줄 수 있죠. 또 3교대를 할 경우 개인 시간이 많아 자기 계발을 할 수가 있어요.

　단점으로는 제복을 입다 보니 소방관으로서 품위 유지를 해야 하기 때문에 활동이 자유롭지 못하다는 거예요.

　그리고 아직은 여성이 많지 않은 분야라 생활하는 데 불편할거라 생각하는데, 그건 개인적인 차이인 거 같아요. 저는 잘 맞는 편이거든요. 또 최근에는 여성 소방관이 늘어나는 추세라 복지 제도도 많이 보완되고 있고요.

Question 소방관에게 어떤 조건이나 마음가짐이 필요한가요?

　소방관은 무엇보다 체력이 중요합니다. 다른 사람의 생명과 안전을 책임지는 일을 하다 보니 아무래도 힘이 좋아야겠죠. 그리고 상황 판단이 빠르면 좋을 것 같아요. 출동을 하게 되면 사고 현장에 대한 정보를 듣고 빠른 시간 내에 문제 해결점을 찾도록 상황 판단을 해야 하거든요. 마지막으로 사명감이요. 위험한 현장 속에서도 내가 아닌 다른 사람이 먼저라는 마음가짐이 가장 중요할 것 같아요.

Question 롤모델이 있으신가요?

　네, 두 분이 있어요. 한 분은 즐길 때는 잘 즐기시다가 공부를 하시거나 진급을 해야 할 때에는 자기 관리를 철저히 하시더라고요. 그런 모습을 저도 배우고 싶어요. 다른 한 분은 여성인데, 다른 사람들에게 도움이 되기 위해서 작은 거 하나라도 노력해서 부족한 부분을 채우라고 조언해 주세요.

소방관에게
직접 묻는다

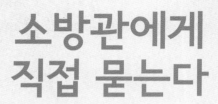

청소년들이 소방관들에게 직접
물어보는 13가지 질문

소방공무원을 선발할 때 소방사와 지방소방사로 구분하던데요, 그 차이는 무엇인가요?

현재 소방공무원은 국가직과 지방직으로 이원화되어 있어요. 서울특별시를 비롯해 광역시, 그리고 경기도 등 시·도의 소방 본부에 소속된 현장 대원들은 모두 시·도지사의 지휘를 받는 지방직이고, 국민안전처 소속 중앙소방본부(과거 소방방재청) 공무원이 국가직이에요. 머리와 손발이 따로 있는 상황이랄까요. 소방공무원 전체 인력의 97%에 해당하는 지방직 소방공무원들은 소속된 시·도의 예산 부족으로 인력도 부족하고, 노후 장비도 교체하기가 어려워 개선이 필요하죠. 소방공무원이 국가직으로 단일화되어야 하는 이유입니다.

구조대원이 되기 위해 어떤 노력을 하였나요?

우선 저는 119수상구조대원으로 근무했기 때문에 수영은 계속했어요. 스킨스쿠버 자격증을 취득하거나 스포츠 클라이밍도 배우는 등 구조대원으로서 필요한 체력과 기술을 갖추기 위해 다양한 활동을 했어요. 패러글라이딩을 배워 단독 비행까지 경험한 것은 고소공포증을 없애는 데 도움이 됐어요.

업무로 인한 스트레스를 어떻게 해소하나요?

저의 경우는 클라이밍, 수영 등의 운동을 한다든지 책을 읽거나, 핸드드립 커피가 맛있는 카페를 찾아다니고, 또 글을 쓰는 등 다양한 방법으로 정신적인 피로를 해소하고 안정을 찾아요. 물론, 충분한 수면을 취하는 것이 심신의 피로 회복에 가장 효과적이라는 생각에도 동의하고요.

소방관으로서 사명감은 어떻게 생기나요?

모든 소방관들이 태어날 때부터 소방관이었을 리가 없지요. 물론 오랫동안 꿈을 꾸며 소방관으로서의 사명감을 가지고 들어오신 분도 있지만, 그렇지 않은 분들도 있습니다. 생계유지의 수단이나 공무원이라는 이유만으로 들어온 분들도 있을테고요. 하지만 분명한 것은, 소방관으로 근무하면서 요구조자가 나의 손길을 기다리고 있을 때, 소방관으로서의 임무를 뒤로 하고 망설이는 사람은 없을 겁니다. 소방관의 사명감은 사이렌을 울리며 현장으로 달려가고 누군가를 구하기 위해 최선을 다하는 동안 자연스럽게 자리 잡게 되는 것입니다. 억지로 만들어 낼 수 있는 종류의 것이 아니죠.

소방관에 대해 일반인들이 오해하는 부분과 그에 대한 진실을 말씀해 주세요.

소방관이라는 직업이 위험하다는 인식이 매우 크지만, 사실 그런 것만은 아닙니다. 분명 소방관들은 위험한 사고 현장으로 뛰어들지만, 저희들은 항상 만반의 준비를 하고 있어요. 셀 수 없을 만큼 많은 위험 요소에 대처하는 훈련을 하고, 할 수 있는 한 최대한의 안전 장구를 갖추고, 현장의 상황을 누구보다 정확히 파악합니다. 그리고 현장으로 출동한 소방관이 마지막으로 준비하는 것은, 우리의 손길을 간절히 기다리고 있을 요구조자를 생각하는 것입니다. 위험하다, 두렵다는 마음가짐으로 저 자신을 희생하려 하는 것이 아니에요. 교통사고가 두렵다고 자동차를 이용하지 않을 수 없는 것처럼, 누군가는 반드시 달려가야 하는 그 길이기에 가장 준비된 저희들이 달려가는 것입니다.

많은 분들이 소방관을 슈퍼맨이라고 생각합니다. 저희들은 원래 만능으로 태어난 것이 아니라, 만능이 되기 위해 항상 최선을 다해 노력하고 있다는 것을 알아주셨으면 좋겠어요.

물론 그렇게 노력하더라도 소방관은 슈퍼맨이 될 수 없지만, 슈퍼맨이 위험에 처했을 때 구조하기 위해 달려갈 사람들이 바로 소방관들입니다.

힘들어서 이직이나 전직을 생각해 본 적이 있나요?

정년퇴직 이후의 삶에 대해 고민해 본 적은 있지만, 이직이나 전직은 생각조차 해 본 적이 없습니다. 저에게 있어 소방은 꿈과 목표, 그리고 인생 그 자체라고 생각하고 있으니까요. 앞서 말씀드린 것처럼 여러 꿈도 있지만, 그 모든 것을 소방관이라는 바탕 위에서 키워가고 싶어요. 글 쓰는 소방관, 강연하는 소방관처럼. 소방관이 아닌 저는, 생각조차 해 본 적도 없고 상상할 수도 없어요.

 **여자 소방관을 보는 주변의 시선은 어떤가요?**

　여자 소방관들에 대해서는 두 가지 시선이 있는 것 같아요. 한 가지는 여전사 같은 이미지의 '여자 소방관도 있어요? 멋있다!'라는 시선이 있고요. 또 한 가지는 '험한 직업인데 여자라 힘들겠다.'며 안쓰러워하시는 시선이 있죠. 전자일 경우에는 굉장한 자부심을 느끼며 감사하게 생각하고요. 후자일 경우에는 각자 쓰임 받을 위치에서 최선을 다하고 있기에 여자라고 해서 크게 어려움이 있는 건 아니라고 말씀드리고 싶어요.

　여담이지만 소방은 소방관 부부가 많은 편이에요. 3교대라는 특수한 근무 요소와 직업적 환경들을 이해할 수 있는 같은 직종의 배우자를 찾는 것 같더라고요. 여자 소방관이라고 해서 남성적이고 투박할 것 같지만, 다들 훌륭한 짝을 만나 알콩달콩 잘 살고 계신답니다.

 **직업으로 소방관을 추천하는 편인가요?**

　네, 그럼요. 저는 간절한 마음으로 시험을 준비했습니다. 입사 후에야 내가 소방 구급대원이구나 하면서 실감을 했을 정도니까요.

　저에게 동생이 2명 있어요. 여동생은 유아교육을 전공하고 있고, 남동생은 고3인데, 여동생에게는 전공과는 무관하지만 소방공무원 시험을 보는 것이 어떠냐고 권유했죠. 그래서 제 여동생도 열심히 준비하고 있고, 저도 간절히 응원하고 있어요. 남동생의 경우에는 얼마 전 SBS에서 방영했던 〈심장이 뛴다〉 방송을 보면서 제가 무슨 일을 하는지 구체적으로 알게 된 것 같더라고요. 제 영향인지 남동생 역시 응급구조학과로 진학하려고 해요. 동생들 뿐만 아니라 병원에 다니며 다른 진로를 고민하는 대학 후배나 동기들에게도 소방을 적극 추천하고 있어요.

소방관이 되는데 어떤 경험들이 도움이 되었나요?

가장 크게 도움이 된 것은 스쿠버 다이빙을 통해 길러진 체력입니다. 또, 수난 구조 분야 자격증과 다이버 강사로 활동했던 경험이 도움이 됐어요.

구조대에 배정되는 조건이 있나요?

경력 경쟁 채용 시험을 통해 들어오는 사람들은 대부분 화재 진압팀으로 배정됩니다. 구조대원은 특수부대에서 3년 이상 하사 이상 계급으로 근무한 자, 관련 직종 경력자, 소방서·소방 관계청에서 주관하는 인명 구조 교육을 수료한 자, 인명 구조 자격을 취득한 자 등을 대상으로 경력 경쟁 채용 시험을 통해 선발합니다. 저는 육군 특수부대에서 군복무를 하고 경력 경쟁 채용으로 소방관이 되었어요. 공개채용 시험을 통해 소방관이 되는 경우에도, 일정 자격 요건이 되면 구조대원이 될 수 있습니다.

직업 때문에 결혼할 때 어려운 점은 없었나요?

하하. 소방관이라는 직업 때문에 결혼에 지장이 생길까봐 걱정인가 봐요. 다행히도 장인어른과 장모님께서는 소방관이라는 제 직업이 공무원이라 안정적이라며 좋아해 주셨어요. 장인어른도 공무원으로 퇴직하셨거든요.

소방관으로서 영어를 잘하면 어떤 도움이 될까요?

사실 현장 업무를 하면서는 영어를 사용하는 비중은 적어요. 하지만 높은 수준의 교육을 받는다거나 해외의 최신 장비를 사용하는 방법, 해외 소방 관련 컨퍼런스 참가 등 영어를 잘하면 더 좋은 교육을 접할 기회가 많아져요.

영어에 대한 두려움이 없으니 외국 생활을 하는 데 거부감도 없고, 다양한 국가의 소방관들과 교류하면서 정보를 얻을 수 있어 견문도 넓어지죠.

여성으로서 소방관을 꿈꾸는 청소년에게 한 마디 부탁드려요.

일단 '내가 할 수 있을까?', '어렵지는 않을까?' 등 미리 걱정하지 않는 게 좋아요. 소방관이 되고 싶다면 당장 지원부터 하라고 말해 주고 싶어요. 평소에 체력 관리를 해 둔다면 금상첨화입니다. 아무래도 오랜 세월 남성의 조직으로 있다 보니 좀 딱딱한 부분도 있는데, 그 부분은 우리 여성들의 세심한 면을 살려서 보완해 준다고 생각하면 점점 나아질 거라 생각해요.

CHAPTER
| 3 |

예비 소방관
아카데미

119 안전신고센터 바로 알기

119 안전신고센터란?

범 국민적으로 재해 및 안전에 대한 국민의 관심을 유도하고, 신고 체계를 확립하여 전화와 인터넷을 통한 재해 및 안전 관련 민원 접수가 24시간 가능하도록 한 시스템이다.

119 신고 방법

▶ **인터넷**(http://www.119.go.kr/)**을 통한 신고**

인터넷을 통한 신고만으로 각종 재해에 대한 대비와 신속한 처리까지 해결할 수 있는 서비스

▶ **전화를 통한 신고**

전화를 통한 신고만으로 각종 재해에 대한 대비와 신속한 처리까지 해결할 수 있는 서비스

▶ **유비쿼터스 119시스템**

사전에 등록된 개인 정보를 통하여 사고 발생 시 적절한 응급 처치를 하기 위한 서비스

119에서 하는 일

① 화재 예방 — 안전 점검, 방화 순찰 등

● 안전 점검

● 방화 순찰

▶ 안전 점검

▶ 방화 순찰

② 구조 활동 ― 재난 사고 처리, 인명 구조 등

▶ 특수구조대(가스, 폭발, 테러 등 특수 구조)

▶ 수난구조대(강, 호수, 바다의 전문 구조)

▶ 산악구조대(산악 사고 전문 수색 구조)

▶ 소방항공대(헬기를 이용한 인명 구조)

③ 화재 진압 활동 ― 인명 구조, 연소 방지

● 인명 구조

▶ 인명 구조

▶ 인명 구조

● 연소 방지

▸ 연소 방지

▸ 연소 방지

④ **구급 활동** — 응급 처치, 환자 이송

● 응급 처치

▸ 응급 처치

▸ 응급 처치

● 환자 이송

▸ 환자 이송

▸ 환자 이송

⑤ **국민 편의 증진을 위한 봉사 활동** — 고장 소방 시설 무료 수리, 어린이 안전 교실 운영, 고지대 급수 지원, 한해, 수해, 수방 활동 지원 등

▸ 어린이 안전 교실 운영

▸ 수해 활동 지원

▸ 대민 지원

▸ 고지대 급수 지원

119 업무 흐름도

예기치 못한 사고의 순간, 구조가 효과를 발휘할 수 있는 제한 시간을 '골든 타임 (Golden Time)'이라고 한다.

항공기 비상 상황 '90초 룰', 화재 현장 '5분 남짓', 심정지 환자 '4분의 기적' 등 골든 타임은 우리 생활 어디에나 있다.

한 사람의 생명과 안전을 지키기 위한 골든 타임을 확보하기 위해 다음과 같이 시민과 소방 본부와의 협업이 중요하다.

사고 발생	→	119에 신고	→	시민 초기 대응

응급 상황의 판단

- 사고 현장은 안전한가?
- 어떤 사고가 발생하였는가?
- 사상자는 얼마나 발생하였는가?

신고자가 119에 알려야 할 사항

- 사고 발생 장소와 경위
- 환자의 수와 상태
- 주위의 위험 요소 확인
- 신고자의 이름과 전화번호

일반인이 할 수 있는 응급 처치 실시

- 소화기, 소화전 사용 등 위기 대처법 실시
- 심폐소생술, 하임리히법, 지혈 등 응급 처치법 실시
- 자동 제세동기 사용

119에 신고·접수

출동	→	현장 조치	→	병원 이송, 수습

- 교육 훈련
- 시간 단축
- 교통 관리
- 피양 의무
- 취약 관리

- 초동 대응
- 교육 훈련
- 장비 보급
- 분산 배치
- 안전 지도
- 지휘 역량

병원 연계

응급 처치법 익히기

화상을 입었을 때

- 화상 부위를 신속히 수돗물에 적시거나 담근다.
- 소독 거즈로 화상 부위를 덮어주는 것이 좋다.
- 물집은 터트리지 말고, 화상 부위에 붙어 있는 물질들을 떼어내지 않는 것이 좋다.
- 로션이나 연고, 기름 같은 것은 바르지 않는다.
- 119에 도움을 요청하여 환자를 신속히 병원으로 옮긴다.

뱀에 물렸을 때

▶ 뱀 제거 작업

• 환자를 뱀이 없는 곳으로 옮긴다.
• 119에 도움을 요청하고, 물린 부위를 심장보다 낮게 위치시킨다.
• 상처 부위를 비누와 물로 씻는다.
• 어지럼증을 호소할 시 환자를 반듯이 눕히고, 구토 시에는 환자를 옆으로 눕힌다.

벌에 쏘였을 경우

▶ 벌집 제거 작업

• 환자를 벌이 없는 곳으로 옮긴 후 119에 도움을 요청한다.
• 쏘인 부위에 벌침이 남아 있으면 바늘이나 칼, 신용 카드 등으로 침을 제거한다.
• 상처 부위를 비누와 물로 씻는다.
• 통증이 심한 경우 얼음을 주머니에 싸서 상처 부위에 대준다.

개에 물렸을 경우

• 광견병이 있을 수 있으므로 집에서 기르는 개나 고양이에게 물리면 일단 그 동물을 가두고 10일 동안 관찰한다.
• 비눗물로 상처를 깨끗이 씻고 압력이 약한 물로 즉시 헹군다.
• 지혈을 하고 상처를 치료한다.
• 의사의 치료를 받고 필요 시 광견병 예방 주사를 맞는다.

심정지 시 심폐소생술(CPR) 실시 방법

　심폐소생술(CPR)은 갑작스런 심장 마비나 사고로 인해 폐와 심장의 활동이 멈추게 되었을 때 인공호흡으로 혈액을 순환시켜 뇌로 산소를 공급함으로써 뇌의 손상 또는 사망을 지연시키고자 현장에서 신속하게 실시하는 기술이다.

① 심정지 확인

- 환자의 어깨를 가볍게 두드리며, 큰 목소리로 "여보세요, 괜찮으세요?"라고 소리친다.
- 환자의 반응을 확인하고, 숨을 쉬는지 혹은 비정상 호흡을 보이는지 관찰한다.

② 119 신고 및 자동 제세동기 요청

- 환자의 반응이 없으면 즉시 큰 소리로 주변 사람들에게 도움을 요청한다.
- 주변에 아무도 없는 경우, 즉시 119에 신고한다.

※자동 제세동기 사용법은 153p 참고

③ 가슴 압박 30회 시행

- 환자의 가슴 중앙에 깍지 낀 두 손의 손바닥 뒤꿈치를 댄다.
- 양팔을 쭉 편 상태에서 체중을 실어 환자의 몸과 수직이 되도록 하여 가슴을 압박한다.
- 분당 100~120회 속도, 가슴이 5~6cm 깊이로 눌리도록 강하고 빠르게 압박한다.

④ 인공호흡 2회 시행

- 환자의 머리를 젖히고, 턱을 들어 올려 기도를 개방시킨다.
- 환자의 코를 막고, 환자의 가슴이 올라올 정도로 1초 동안 숨을 불어넣는다.
- 인공호흡이 곤란한 경우, 가슴 압박만 계속 시행한다.

⑤ 가슴 압박과 인공호흡의 반복

- 30회 가슴 압박과 2회 인공호흡을 119구급대원이 도착할 때까지 반복한다.

⑥ 회복 자세

- 호흡이 회복되었으면 환자를 옆으로 돌려 눕혀 기도가 막히는 것을 예방한다.

심정지 시 자동 제세동기 사용 방법

심장의 기능이 정지하거나 호흡이 멈추었을 때 환자에게 전기 충격을 주어 심장의 정상 리듬을 가져오게 하는 응급 처치 기기이다. 심폐소생술 교육을 받지 않은 일반인 도 사용할 수 있으며, 주변에 심정지 환자가 발생한 경우 적극적으로 사용하여야 한다.

① 자동 제세동기 준비
- 심폐소생술 시행 중에 자동 제세동기가 준비되면 지체 없이 적용한다.

② 전원 켜기
- 자동 제세동기를 심폐소생술에 방해가 되지 않는 위치에 놓은 뒤 전원 버튼을 누른다.

③ 2개의 패드 부착
- 패드1을 오른쪽 빗장뼈 바로 아래 붙인다.
- 패드2를 왼쪽 젖꼭지 앞 겨드랑이에 붙인다.

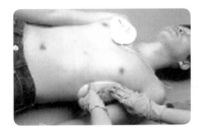

④ 심장 리듬 분석
- '분석 중…'이라는 음성 지시가 나오면, 심폐소생술을 멈추고 환자에게서 손을 뗀다.
- 제세동이 필요한 경우 '제세동이 필요합니다.'라는 음성 지시와 함께 자동 제세동기 스스로 설정된 에너지로 충전을 시작한다.
- 제세동이 필요 없는 경우 '제세동이 필요하지 않습니다.'라는 음성 지시가 나오며, 이때는 즉시 심폐소생술을 다시 시작해야 한다.

⑤ 제세동 실시
- 제세동이 필요한 경우에만 제세동 버튼이 깜박이기 시작한다. 이때는 제세동 버튼을 눌러 제세동을 시행한다.

⑥ 즉시 심폐소생술 다시 시행
- 제세동을 실시한 뒤 즉시 3:2 비율로 가슴 압박과 인공호흡을 다시 시작한다.

⑦ 2분마다 심장 리듬 분석 후 반복 시행
- 회복되었거나 119구급대가 도착할 때까지 2분마다 심장 리듬 분석 후 반복 시행한다.

이물질에 의한 기도 폐쇄 시 하임리히법 실시 방법

음식물(떡, 젤리, 사탕, 고기 등), 장난감 등의 다양한 원인으로 기도가 막혀 호흡이 곤란한 경우를 기도 폐쇄라고 한다.

기도가 폐쇄된 경우의 증상으로는 두 손으로 목 부분을 쥐면서 기침을 하려 하거나 목 부분에서 심한 천명음('쌕-쌕'소리)가 들리고, 얼굴이 파랗게(청색증) 변한다.

기도가 완전히 폐쇄된 경우 3~4분 이내에 의식을 잃게 되고, 4~6분이 경과하면 뇌 세포의 영구적인 손상이 발생하여 생명이 위험에 빠질 수 있으므로 빠른 시간 내에 응급 처치를 시행해야 한다.

① 환자가 의식이 있는 상태

- 말을 할 수 있는 경우 기침을 유도하여 기도에 있는 이물질이 빠져나오도록 유도한다.
- 말을 할 수 없는 경우에는 우선 119에 신고를 하고, 다음과 같이 하임리히법을 실시한다.

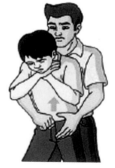  

❶ 주먹쥔 손을 배꼽과 명치 사이의 복부에 위치시킨다.

❷ 반대 손으로 감싸 안는다.

❸ 후상 방향으로 강하게 밀어 올린다.

② 환자가 의식이 없는 상태

의식이 없는 경우에는 심폐소생술을 실시한다.

소화기, 소화전 사용법

소화기 사용법

① 일반 소화기 사용법

- 소화기를 불이 난 곳으로 옮긴다.
- 손잡이 부분의 봉인 줄을 제거하고 안전핀을 뽑는다.
- 바람을 등지고 서서 노즐을 불 쪽으로 향하게 한다.
- 손잡이를 힘껏 움켜쥐고 소화 약제를 빗자루로 쓸듯이 골고루 뿌린다.
- 소화기는 잘 보이고 사용하기에 편리한 곳에 두되, 햇빛이나 습기에 노출되지 않도록 한다.

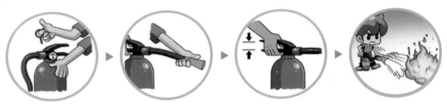

❶ 안전핀을 뽑는다.   ❷ 노즐을 잡고 불쪽으로 향한다.   ❸ 손잡이를 움켜쥔다.   ❹ 분말을 골고루 쏜다.

② 투척식 소화기 사용법

투척식 소화기는 액체 상태의 소화 약제가 든 케이스를 불이 난 곳에 직접 던져 불을 끄는 방식으로 일반 소화기보다 사용이 간편하다. 사용할 때 유의점으로는 유류 화재일 때에는 발화점에 직접 던지지 말고, 주변 바닥이나 벽에 던져 소화 약제가 화재 부위를 덮도록 하고, 목재 화재에는 직접 발화점에 던지면 된다.

❶ 커버를 벗긴다.   ❷ 약제를 꺼낸다.   ❸ 불을 향해 던진다.

소화전 사용법

　화재 발생 시 불을 끄기 위해 상수도의 급수관에 설치된 소화 호스를 장치하기 위한 시설로, 옥내 소화전과 옥외 소화전이 있다.

　아파트 등에서 쉽게 발견할 수 있는 옥내 소화전은 화재가 생긴다면, 우선 소화전의 발신기를 눌러 많은 사람들에게 화재가 발생하였음을 알려주고, 수압이 강한 호스를 다 같이 힘을 합쳐 불을 향해 뿌려 주면 더 수월하게 화재를 진압할 수 있다.

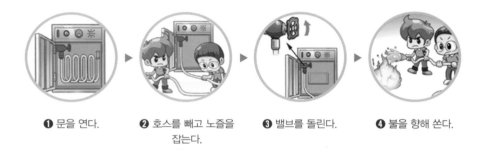

❶ 문을 연다.　❷ 호스를 빼고 노즐을 잡는다.　❸ 밸브를 돌린다.　❹ 불을 향해 쏜다.

안전사고 대비하기

날씨 변화에 대비하기

① 악천후 시의 안전 수칙

- 폭풍우가 오기 전에 창문을 모두 닫아야 한다.
- 베란다, 화분, 정원의 쓰레기통 등은 바람에 날려 피해를 초래할 수 있으니 주의해야 한다.
- 심각한 폭풍우가 예상되는 경우에는 전기 및 가스를 차단하는 것이 좋다.
- 홍수 피해가 잦은 곳에서는 사전에 배수 펌프의 작동 상태 등을 점검해야 한다.

② 홍수 시의 안전 수칙

- 하천의 수위가 갑자기 높아지는 경우에는 즉시 고지대로 대피해야 한다.
- 자동차를 운전할 경우 물이 고인 곳은 지나가지 말아야 한다.
- 흐르는 물이 무릎 위까지 닿는 경우 절대 하천을 건너지 말아야 한다.

③ 폭염 시의 안전 수칙

- 12시부터 15시까지의 가장 더운 시간대에는 외출, 야외 활동, 작업을 자제한다.
- 시원한 장소에서 휴식을 취하고, 가스레인지 등은 사용을 자제한다.
- 갈증을 느끼지 않아도 규칙적으로 생수나 주스를 마셔 수분을 유지한다.
- 커튼이나 천을 이용하여 집 안으로 들어오는 햇빛을 최대한 차단한다.
- 시원한 물로 목욕 또는 샤워를 한다.
- 수분이 많은 과일이나 샐러드 같이 소화하기 쉬운 음식을 섭취한다.
- 헐렁하고 밝은 색의 면 소재 옷을 입는다.
- 창문이 닫힌 차 안에서 아이들과 애완동물을 방치하지 않는다.

④ 천둥 번개 시의 안전 수칙

- 감전될 수 있으므로 금속이나 전기 제품, 전화기를 만지지 말아야 한다.
- 즉시 실내로 대피하고, 땅바닥에 엎드리거나 나무 밑으로 대피하는 것은 위험하니 피해야 한다.
- 단락된 전선 근처에는 접근하지 않는다.

수도·전기·가스 누출에 대비하기

① 상수도 문제 시의 안전 수칙

- 도로 위로 물이 올라오거나 상수도 파열이 의심되는 경우에는 즉시 119로 신고한다.
- 아파트에 단수가 되었거나 수압이 매우 낮을 경우에는 먼저 관리 사무실에 문의한다.
- 식수 수질에 문제가 있을 경우, 정부에서 별도의 지침을 발표할 것이다.

- 가뭄 상황이 악화될 경우 제한 급수나 단수 조치를 취할 수도 있다.

② 단전 시의 안전 수칙
- 단전 시에는 한전 고객 센터(국번 없이 123) 또는 119에 즉시 통보한다.
- 전기 공급이 재개될 때 자동적으로 켜지는 가전제품은 전원을 꺼 둔다.
- 단전을 대비해 전기 공급이 필요 없는 전화기를 준비해 두는 것이 좋다.
- 음식물이 상하는 것을 방지하기 위해 냉장고 문을 되도록 열지 않는다.
- 바닥에 떨어져 있거나 공중에 매달린 전선은 위험하므로 절대로 만지지 않는다.
- 실내에서는 석탄으로 불을 피우거나 취사용 기기를 난방용으로 사용하지 않는다.
- 실내에서 발전기를 작동하면 일산화탄소 농도가 위험한 수준으로 높아질 수 있다.

③ 가스 누출 시의 안전 수칙
- 가스 냄새가 아주 심할 경우에는 곧바로 대피한 후 119에 신고한다.
- 누출 정도가 심하지 않을 경우 즉시 밸브를 잠그고 문을 열어 환기를 시킨다.
- 주변의 불씨를 없애야 하며, 절대로 화기를 가까이 하지 말아야 한다.
- 전기 기구의 콘센트나 전기 스위치를 켜면 불꽃이 발생해 폭발할 수도 있다.
- 즉시 관할 서비스 센터 또는 도시가스 회사에 연락하여 조치를 받는다.

건물 붕괴 사고에 대비하기

① 건물 붕괴, 폭발 사고 시의 안전 수칙
- 건축물 붕괴 조짐이 보이면 즉시 가까운 비상 통로를 이용해 대피한다.
- 유리창, 선반 등 파손되기 쉬운 곳과 폭발성, 가연성 물건이 있는 곳은 피한다.
- 견고한 물건으로 머리를 보호하면서 일시에 비상구로 몰리지 않도록 침착하게 이동한다.
- 다중 이용 시설일 경우 출입구 근처에 위치한 사람부터 차례대로 대피한다.
- 대피하는 데 방해가 되는 불필요한 물건은 소지하지 않는다.

- 추가 붕괴, 가스 폭발 등의 위험이 없는 안전한 곳으로 대피한다.
- 긴급하여 탈출이 곤란한 경우, 계단실 등 강한 벽체가 있는 곳으로 임시로 대피한다.

② 건물 잔해에 갇혔을 경우의 안전 수칙

- 건조한 손수건이나 옷으로 코와 입을 가린다.
- 신체에 해로울 수 있는 먼지를 피하기 위해서는 몸을 되도록 움직이지 않는다.
- 가능하다면 손전등을 사용해 주위의 지형지물을 파악한다.
- 파이프나 벽을 두드리고 호루라기 등을 불어 구조 요원에게 자신의 위치를 알린다.

③ 구조 작업 참여 시의 안전 수칙

- 튼튼한 장갑과 신발을 착용해야 한다.
- 목재, 가전 기기 등의 잔해를 유형별로 구분해서 치운다.
- 단락된 전선은 위험하므로 가급적 접촉하지 않는다.
- 부피가 크고 무거운 잔해는 주위에 도움을 요청해 치워야 한다.

화재 사고에 대비하기

화재 발생 시의 안전 수칙

- 불을 발견하면 '불이야!'하고 큰 소리로 외쳐 주변에 알리고 화재 경보 비상벨을 누른다.
- 가급적 계단을 이용해 아래로 대피하며, 불가능한 경우에는 옥상으로 대피한다.
- 불길 속을 통과할 때에는 물에 적신 담요나 수건 등으로 막고 낮은 자세로 이동한다.
- 방문을 열기 전 먼저 손등으로 접촉해 보고, 뜨겁지 않으면 천천히 열고 밖으로 나간다.

- 대피가 곤란하면 연기 차단을 위해 물을 적신 옷이나 이불로 문틈을 막고 구조를 기다린다.
- 옷에 불이 붙었을 경우 그 자리에 멈추고 바닥에 누워 불이 꺼질 때가지 계속 굴러야 한다.
- 고층 아파트인 경우 내 집에 발생한 화재가 아니라면 복도보다는 실내가 더 안전할 수 있다.
- 화재가 아파트 아래층에서 발생했다면 신속하게 모든 창문을 닫아야 한다.
- 위험에 처했다고 판단될 경우 창문 밖으로 옷이나 수건 등을 흔들어 구조를 요청한다.
- 제세한 정보는 서울소방재난본부 홈페이지(http://fire.seoul.go.kr) 또는 119로 문의한다.

일산화탄소에 대비하기

① 일산화탄소 중독 시의 안전 수칙

- 환기가 되지 않는 곳에 난로를 켜 두거나 굴뚝 등이 막힌 경우에 발생하기 쉽다.
- 증상은 감기와 비슷하고 투통과 구토 등의 증상을 동반하며, 심하면 사망하게 된다.
- 일산화탄소 중독이 의심되면 신속히 창문과 출입문을 활짝 연다.
- 서둘러 신선한 공기를 마실 수 있는 곳으로 자리를 옮긴다.
- 119 또는 가스 회사에 신고한다.

② 일산화탄소 사용 시의 안전 수칙

- 일산화탄소 경보기를 설치하고 정기적으로 작동 상태를 확인한다.
- 실내 난방 시스템의 환기 시설이 제대로 작동하는지 확인한다.

- 실내에서 석유난로를 사용하거나 취사도구를 난방용으로 사용하면 대단히 위험하다.
- 실내에서는 절대 석탄을 사용하지 않는다.

화학 물질에 대비하기

① 화학 물질 유출 시의 안전 수칙
- 피부를 우의 등으로 감싸고 코와 입을 수건 등으로 감싼 후 최대한 멀리 대피해야 한다.
- 독성 가스는 흔히 공기보다 무거우므로 높은 곳으로 대피해야 한다.
- 바람을 안고 이동해야 하며, 대피 방향에서 바람이 불어오는 경우 직각 방향으로 이동한다.
- 실내로 대피한 경우에는 창문 등을 닫고 환풍기 등의 작동을 중단한다.
- 자동차로 사고 현장을 지나는 경우 신속하게 창문을 닫고 에어컨 등을 중지시켜야 한다.
- 안전한 곳으로 대피한 후에는 비눗물로 샤워를 철저히 한 후 깨끗한 옷으로 갈아입는다.
- 화학 물질에 노출되었다면, 즉시 병원에 가서 의사의 진찰을 받아야 한다.

② 방사선 유출 시의 안전 수칙
- 방사선 물질은 시간이 지날수록 그 독성이 약해진다. 안전 요원의 상황 해제 통보가 있기 전까지는 실내에 머물러야 한다.
- 방사선 물질과의 거리가 멀수록 더 안전하다. 안전 요원은 사고 지역으로부터 대피를 명령할 수 있다.

- 창문을 닫고 틈을 막은 후 모든 환기 장치를 꺼 둔다. 오염 지대를 통과하는 경우에는 방독면, 마스크 등으로 호흡기를 보호한다.

독감, 테러 등에 대비하기

① 독감 유행 시의 안전 수칙

- 기침, 재채기를 할 경우 휴지나 옷소매 등으로 입을 가리고, 가급적 마스크를 착용한다.
- 사람들과의 접촉을 피하고, 사람이 많은 장소로의 외출을 자제하는 것이 좋다.
- 평소 비누 또는 알코올이 들어 있는 세제로 자주 손을 씻는다.
- TV나 라디오를 통해 보건 당국의 발표를 주시해야 한다.

② 테러 발생 시의 안전 수칙

- 테러의 가장 큰 목적은 두려움을 퍼뜨리는 것이므로 정확한 정보를 얻는 것이 중요하다.
- 주위를 경계하고 수상한 행동이나 위협 요인을 접했을 경우 즉각 신고한다.
- 정부, 언론 등 신뢰도 높은 기관의 정보를 듣고, 소문에 현혹되어서는 안 된다.
- 의심이 가는 소포나 편지는 절대 개봉해서는 안 되며, 112나 119에 신고한다.
- 제한 구역을 출입하는 등 의심스러운 사람이 발견되면 즉시 112나 119에 신고한다.

특수 상황에 대비하기

① 노인을 위한 안전 수칙

- 노인은 시력, 청력, 운동 신경이 등이 둔해 생활 안전에 더욱 주의를 기울여야 한다.
- 욕실의 깔판, 매트는 미끄럼 방지 처리가 된 제품을 사용한다.
- 욕조에 들어가거나 나올 때 몸의 균형을 잡을 수 있도록 손잡이를 설치한다.
- 화장실이 가까운 방에 노인이 거주하는 것이 좋고, 통로에는 물건을 방치하지 않는다.
- 긴급 상황에 대비하여 가족 등 타인에게 알릴 수 있는 비상벨을 욕실에 설치한다.
- 계단실에는 계단 디딤판과 가장자리가 확연히 보일 수 있도록 밝은 전등을 설치한다.
- 가스 누출 경보기나 화재 경보기를 설치해 경고 신호를 어디서나 들을 수 있게 한다.
- 음식을 조리하거나 칼을 사용하는 곳에는 조명을 밝게 한다.
- 겨울철에는 혼자 외출하는 것을 자제하고 특히 빙판길을 조심해야 한다.

② 장애인을 위한 안전 수칙

- 장애인은 신체적인 부자유로 인해 많은 사회적 위험에 노출되어 있다. 특히 화재 등 재난 사고에 대해서는 일반인보다 신체에 미치는 위험성이 상당히 높다.
- 장애인이 집 안에서 가장 많이 사고를 당하는 장소는 물기가 많은 욕실이다.
- 현관 바닥은 미끄럽고, 지체 장애인들이 신발을 신고 벗기에 공간이 충분치 않다.

- 주방의 잠재된 위험에 노출되기 쉬우며, 예상치 못한 심각한 안전사고가 발생할 수 있다.
- 가장 안락한 방과 거실에서도 예상치 못한 안전사고가 종종 발생한다.

③ 지하철 화재 안전 수칙
- 노약자, 장애인석 옆에 있는 비상 버튼을 눌러 승무원과 연락한다.
- 여유가 있다면 객차마다 2개씩 비치된 소화기를 이용하여 불을 끈다.
- 출입문이 자동으로 열리지 않으면 안내문의 지시에 맞춰 수동으로 문을 연다.
- 스크린 도어가 열리지 않을 경우는 도어에 설치된 빨간색 손잡이를 밀고 나간다.
- 코와 입을 손수건, 옷소매 등으로 막고 비상구로 신속히 대피한다.
- 정전 시에는 대피 유도등이나 벽, 시각 장애인 보도블록 등을 따라 전진한다.
- 지상으로 대피가 여의치 않을 경우 전동차 진행 방향 터널로 대피한다.

④ 애완동물 기르기 안전 수칙

- 애완동물은 구청 등에 등록해야 하며, 그렇지 않을 경우 100만 원 이하의 과태료가 부과된다.
- 애완동물로 인해 타인이 피해를 입지 않도록 주의해야 하며, 손해를 끼쳤다면 배상해야 한다.
- 애완동물을 기를 수 있는지 아파트마다 다르므로 해당 아파트 관리 규약을 확인한다.
- 외출 시 배설물은 반드시 수거해야 하며, 그렇지 않을 경우 10만 원 이하의 벌금이 부과된다.
- 예방 접종을 실시해야 하며, 옥외를 배회할 경우 억류, 살처분 등의 조치를 취할 수 있다.
- 애완동물 유기 시 100만 원 이하의 과태료, 학대 행위 시 1년 이하의 징역에 처한다.

소방관 직업 정보 탐색 방법

관심 직업에 대한 정보를 탐색하는 방법에는 어떤 것들이 있을까?

직업 정보는 직업에 대한 자료로, 직업을 선택하고 준비하는 데 도움을 주는 직무, 근무 환경 등 직업에 관한 정확하고 유용한 정보를 말한다. 자신이 희망하는 직업을 갖기 위해서는 우선 그 직업에 대한 구체적인 이해를 위해 정확한 직업 정보의 탐색이 필요하다. 직업 정보는 다양하고 폭넓은 정보를 객관적인 직업 정보에 기초하여 탐색하여야만 자신의 직업 선택 기준을 충족하는지 비교할 수 있게 된다.

다음과 같은 다양한 방법으로 직업 정보를 탐색해 보자.

① 인터넷을 활용한 직업 정보 탐색

직업 정보를 찾는 가장 쉬운 방법은 워크넷(한국직업정보시스템)이나 커리어넷 등의 직업 정보 관련 사이트를 통하여 관련 직업의 하는 일, 근무 환경, 교육, 훈련, 자격, 적성 및 흥미, 종사 현황, 직업 정보 등의 직업 정보를 탐색할 수 있다.

워크넷(http://www.work.go.kr) → 직업·진로 →
직업정보검색 / 직업·취업·학과 / 동영상 / 직업탐방

커리어넷(http://www.career.go.kr) → 직업·학과정보
→ 직업정보

② 직업 체험

내가 희망하는 직업에 찾아가 자원 봉사 활동이나 직업 생활 체험을 해 보거나, 직업 체험 학습 프로그램인 한국 잡월드, 코리아잡스쿨, 키자니아 등에 참여하면서 자신이 원하는 정보를 탐색할 수 있다.

● 한국잡월드(Korea JobWorld)

고용노동부에서 운영하는 종합 직업 전시 체험 시설로, 총 42개의 체험실로 구성되어 있으며, 현실적인 직업 체험을 위해 실제 직업 현장에서 사용하는 기자재와 공간에서 직무 내용을 체험할 수 있다.

▶ 홈페이지: http://koreajobworld.or.kr/Index.do

▶ 주소: 경기도 성남시 분당구 분당수서로 501

▶ 특징: 유료이며, 상시 운영한다.

● 키자니아

MBC가 공익적 교육 문화 사업의 일환으로 운영하는 키자니아는 미래 주역인 어린이들이 현실 세계의 직업을 체험하며, 진짜 어른이 되어 볼 수 있는 직업 체험형 테마 파크이다.

▶ 홈페이지: http://www.kidzania.co.kr

▶ 주소: 서울특별시 송파구 올림픽로 204 (주) MBC PlayBe

▶ 특징: 유료이며, 상시 운영한다.

③ 직업인 인터뷰

평소에 관심을 갖고 있던 직업들 중에서 실제로 그 직업에 종사하는 곳을 탐방하여, 그 직업에 관련된 직업인을 인터뷰해 봄으로써 직업 정보를 얻을 수 있다.

직업인 인터뷰하기

● 소방서에 근무하는 직업인을 만나 다음과 같은 내용으로 인터뷰해 보자.

▶ 직무 소개

현재 하고 있는 업무는 무엇인가요?	

▶ 직업 선택 동기

이 직업을 선택하게 된 동기는 무엇인가요?	

▸ 직업 준비 및 경로

이 일을 하기 위해 어떠한 준비 과정 (요구 능력, 학력, 전공, 자격증, 교육 훈련 기관)을 거쳤습니까?	
학교 졸업 후 이 직업을 갖기까지 어떠한 과정을 거쳤습니까?	
이 일을 시작하고 나서 어떠한 과정 (입직, 전직, 이직 등)을 거쳤습니까?	
앞으로 전직하고 싶은 직업이 있습니까?	

▸ 직업 특성

가장 보람 있었던 일은 무엇입니까?	
어려움이나 애로 사항은 무엇입니까?	
이 직업의 특성을 살려 다른 일을 한다면?	

▸ 직업 특성

이 직업에서 필요로 하는 능력에는 어떤 것이 있습니까?	
그러한 능력들을 계발하기 위해 어떠한 노력을 하고 있습니까?	
현 업무를 잘 수행하기 위해 어떠한 노력이 필요하다고 생각하십니까?	

▸ 직업 전망

이 직업의 전망은 어떠한가요?	

‣ 직업 전망

이 직업을 선택하고자 하는 사람들에게 한 말씀 해 주신다면?	

직업인 인터뷰 후 보고서 작성하기

● 소방서에 근무하는 직업인을 만나 인터뷰한 후 다음과 같은 내용으로 자신의 생각을 정리해 보자.

직업인 인터뷰 결과 보고서					
일시 :	년	월	일	시~	시
인터뷰 대상자	직위/소속			직업	
인터뷰 시 사진			기대했던 내용		
직업인의 구체적인 근무 환경			좋았던 점		
			좋지 않았던 점		
이 직업을 위해 준비해야 할 것은?					
이 직업을 위해 어떻게 진로를 준비해야 할까?					
직업인 인터뷰 결과 느낀 점과 달라진 생각은?					

소방 관련 대학교

소방 관련 전문대학교

• 출처: 한국전문대학교 전문대학입학정보 http://www.kcce.or.kr

학과	개설 대학
[인문사회] 경찰소방행정과	충북보건과학대학교
[인문사회] 소방행정과	순천제일대학교
[공학] 건축설비소방과	대림대학교, 수원과학대학교, 두원공과대학교
[공학] 건축소방설비과	용인송담대학교
[공학] 소방방재과	순천제일대학교, 경북도립대학교
[공학] 소방안전 · 전기전자계열	부산경상대학교
[공학] 소방안전과	구미대학교, 상지영서대학교, 서영대학교, 충청대학교
[공학] 소방안전관리과	경민대학교, 경북전문대학교, 경산1대학교, 김해대학, 대구보건대학교, 대원대학교, 대전과학기술대학교, 동강대학교, 동원과학기술대학교, 동원대학교, 부산과학기술대학교, 서정대학교, 신성대학교, 우송정보대학, 전남도립대학교, 청암대학교, 충남도립청양대학, 혜전대학교
[공학] 소방안전관리전공	대림대학교, 동원대학교
[공학] 소방안전구급과	세경대학교
[공학] 소방행정	경민대학교, 서영대학교
[공학] 소방환경방재과	강원도립대학
[공학] 소방환경안전과	계명문화대학교
[공학] 전기소방계열	포항대학교
[공학] 컴퓨터 · 전기소방학부	창원문성대학
[자연과학] 응급구조과	경북도립대학교, 광양보건대학교, 광주보건대학교, 김해대학, 대원대학교, 대전보건대학교, 동강대학교, 동남보건대학교, 동아인재대학교, 동의과학대학교, 동주대학교, 마산대학교, 서영대학교, 서정대학교, 선린대학교, 성덕대학교, 전주기전대학, 전주비전대학교, 제주한라대학교, 청암대학교, 춘해보건대학교, 충북보건과학대학교, 충청대학교, 포항대학교

소방 관련 4년제 대학교

• 출처: KCUE 대학입학정보 http://univ.kcue.or.kr

지역	대학명	계열	모집 단위(학과)	입학 정원
경기	가천대학교	공학	설비·소방공학과	80
강원	강원대학교(삼척)	공학	소방방재학부	105
경남	경남대학교	공학	소방방재공학과	50
경북	경일대학교	공학	소방방재학과	80
광주	광주대학교	인문 사회	소방행정학과	40
경북	김천대학교	공학	소방학과	40
경북	대구한의대학교	자연	과학소방방재환경전공	30
대전	대전대학교	공학	소방방재학전공	40
전남	동신대학교	인문 사회	사회소방행정학과	50
경북	동양대학교	공학	건축소방행정학과	40
대전	목원대학교	자연	과학소방안전관리학과	40
부산	부경대학교	공학	소방공학과	40
충남	서남대학교(아산)	공학	건설소방방재공학과	20
충북	세명대학교	인문 사회	소방방재학과	40
전남	세한대학교	인문 사회	소방행정학과	40
충북	영동대학교	인문 사회	경찰·소방행정학부	120
전북	우석대학교	공학	소방안전학과	40
대전	우송대학교	공학	소방방재학과	40
전북	원광대학교	인문 사회	소방행정학과	60
전북	전주대학교	공학	소방안전공학과	40
제주	제주국제대학교	공학	소방방재학과	30
경남	창신대학교	공학	소방방재공학과	30
전남	초당대학교	인문 사회	소방행정학과	25
경남	한국국제대학교	공학	소방방재학과	40
광주	호남대학교	인문 사회	소방행정학과	30
충남	호서대학교	공학	소방방재학과	50
전북	호원대학교	자연과학	소방안전관리학과	40
경기	가천대학교	자연과학	응급구조학과	40
강원	강원대학교(삼척)	자연과학	〃	30
충남	건양대학교	의학	〃	40
강원	경동대학교	자연과학	〃	30
경북	경일대학교	의학	〃	40
충남	공주대학교	자연과학	〃	27
충남	나사렛대학교	자연과학	〃	25
충남	남서울대학교	의학	〃	30
대전	대전대학교	의학	〃	40
충남	백석대학교	의학	〃	30
충남	서남대학교(아산)	의학	〃	25
충남	선문대학교	자연과학	〃	35
대전	우송대학교	자연과학	〃	50
경기	을지대학교(성남)	의학	〃	40
충북	한국교통대학교	자연과학	〃	38
광주	호남대학교	의학	〃	20
전북	호원대학교	의학	〃	40

생생 경험담 인터뷰 후기

이 책을 위해 인터뷰라는 부담스러운 작업에 흔쾌히 도움을 주신 5명의 소방관 분들께 감사를 드린다. 또한 직접 인터뷰에는 참여하지 않으셨지만, 소방 관련 자료 등 필요한 사항에 대해 물심양면으로 협조해 주신 최태영 주임, 최광모 주임, 이보람 반장, 유승용 반장, 이형은 반장께도 감사의 마음을 전한다.

인터뷰를 하며 가장 인상 깊었던 것은 다른 직업에 비해 소방관들의 직업에 대한 만족도가 매우 높다는 것이다. 많은 소방관들을 만나 이야기를 해 본 결과 그 이유는 '자긍심'이었다. 극한 현장 활동과 힘든 교대 근무 속에서도 얼굴에서 묻어나는 미소와 어깨가 꼿꼿이 펴 있는 이유는 어떤 직업보다도 가치 있는 일을 하고 있다는 자긍심 때문이었다. 그 고결한 정신이 이 책에서 조금도 훼손되지 않은 상태로 독자들에게 전달되기 바란다.

이 책을 준비하면서 핸드폰에는 도움을 주신 수 십 명의 소방관의 연락처가 생겼다. 그만큼 학생들에게 직업으로서의 소방관을 보여 주기 위해 최선을 다했다. 하지만, 개인적으로 정말 아쉬운 것은 거리적인 부담감이라는 핑계로 여러 군데의 지방직 소방 공무원들을 뵙지 못했다는 것이다. 소방 조직의 특성상 지방직 공무원들의 근무 환경과 처우가 모두 다른데, 그 부분까지 학생들에게 정확하게 전해 주지 못하는 것이 아쉽고 소방관 분들께는 죄송스럽기까지 하다.

시민들의 안전을 위해 주야로 고생하시는 대한민국 모든 소방관 분들께 감사의 박수를 보낸다.

❶ 오영환 – 성북소방서 길음119안전센터 구급대원

언제나 따뜻한 미소로 상대에게 편안함을 주는 멋진 소방관이지만, 그의 눈빛이 냉정하게 변할 때가 있다. 바로 소방관으로서의 신념을 이야기할 때이다. 처음 마주할 때는 당황스러웠지만, 그를 알게 될수록 그 눈빛에서 진정성을 느낄 수가 있었다.

그는 매순간 자신의 일에 대한 신념으로 항상 내일을 준비하고 있으며, 지금 하는 일이 아무도 중요하게 생각하지 않는 사소한 일일지라도 훗날을 위한 훌륭한 경험이라 믿으며, 궂은일에도 감사한 마음으로 최선을 다하고 있다.

이런 오영환 반장의 마음이 전해져 그의 이야기가 종종 방송이나 강연으로 전해진다. 멋진 소방관의 따뜻한 이야기가 그의 미소처럼 따뜻한 사회를 만드는 데에 잔잔한 울림이 되기를 바란다.

❷ 오혜원 – 구로소방서 공단119안전센터 구급대원

"소방관 아저씨 감사합니다." 대부분 소방관이라고 하면 으레 멋진 아저씨, 남자를 떠올리듯이 소방 조직은 남성적이다. 아무래도 붕괴된 건물이나 전복된 자동차에 깔려 있는 사람을 구하기 위해서는 무거운 것들을 들어 올리는 데 남자가 적격이기 때문이다. 하지만, 요구조자를 세심하게 살피고 위로해 주는 역할은 남성보다 여성에게 더욱 어울린다. 특히 구급대는 여성의 섬세함이 더욱 발휘되는 분야이다.

언제나 긍정적인 태도로 인터뷰에 응해 준 오혜원 반장에게 감사함을 전하며, 소방 조직이 시민을 더욱 따뜻하고 세심하게 살피는 데에 '예쁜 소방관 누나'의 긍정 에너지가 일조하기를 기대해 본다.

❸ 지창민 – 부천소방서 119구조대 구조대원

지창민 반장의 쉬는 날, 그를 만날 때면 항상 운동복 차림이다. 약속 시간 앞뒤로 운동 스케줄이 잡혀 있다. 크로스핏이나 스쿠버다이빙 같이 육체적, 정신적으로 극한 상황으로 치닫게 하는 익스트림 스포츠들이다.

자신의 한계와 마주하게 하는 스포츠들에 그리 열심인 이유는 무엇일까? 극한 상황에 '단련'하고, 그것을 '극복'하는 것이 구조대로서 가장 필요한 항목이기 때문이 아닐까. 자신과의 싸움에서조차 이길 줄 모른다면, 극한 상황 속 소중한 생명을 구조하는 일은 허황될 꿈일 것이다. 그것이 그가 힘든 스포츠들에 계속해서 도전하는 이유일 것이다.

위험한 상황에서 소중한 생명을 구해야 하는 숭고한 사명, 그것을 위해 땀 흘리는 모습에 깊은 응원의 박수를 보낸다.

❹ 양재영 – 경기소방학교 교육팀 교관

'기회'라는 것은 모든 사람들에게 찾아오지만, 모든 사람이 잡을 수는 없다. 항상 준비되어 있어야만 '기회'를 잡을 수 있다. 잘 알고 있는 단순 논리이지만, 이를 위해 평소 준비하고 노력하는 것은 정말 어렵다.

양재영 교관이 살아온 이야기는 대부분 도전과 기회의 반복이다. 그 일련의 과정이 반복되고 겹겹이 쌓여 지금의 멋진 소방학교 교관이 되었다.

그의 부단한 노력으로 준비된 실력, 이 책을 읽는 학생들과 그가 가르치는 소방관 교육생들에게 전달되기를 바란다.

❺ 김지혜 – 영등포소방서 시민안전교육 담당

소방관에게 필요한 역량으로 무엇보다 용기와 담력이 우선되겠지만, 어쩌면 그만큼이나 친절과 서비스 마인드도 소방관들에게 중요하다고 생각한다. 소방공무원들이 하는 일 중에 불을 끄고 사람을 구조하는 일 외에도 예방 교육과 행정 업무 같은 대민 서비스들이 상당한 부분을 차지하기 때문이다.

김지혜 주임은 학생들이 소방에 대한 고정 관념으로 인해 소홀히 할 수 있는 포인트를 강조한다. 불을 끄는 것만큼 예방이 중요하고, 사람들을 구조하는 것만큼 신속하고 정확한 응급 체계를 만드는 일도 중요하다는 것이다.

교육, 점검, 홍보 등 사고 현장 밖에서도 소방 조직을 위해 수고하는 많은 소방관들이 있다는 것을 다시 한 번 생각하게 한다.